I·M·P·R·E·S·S NextPublishing

再生可能エネルギー技術政策論

[日本特有の問題点の整理と課題・解決法]

安田 陽 | 著

技術専門誌に筆者が寄稿した
10本の解説論文をまとめて収録!

ネットゼロ・系統連系・柔軟性・蓄電池・
空容量・発送電分離・電力市場・FIT・便益・ゾーニング…

インプレス

はじめに

　本書は、2019〜2024年に筆者がさまざまな学会の学会誌や専門誌に寄稿した解説論文をまとめたものです。すべて既出の論文ばかりで、もしかしたら読んだことがある…とお感じの読者の方もおられるかもしれませんが、一般の方には入手しにくいものもあるため、一冊の書籍としてここにまとめようと思い立った次第です。

　2019年といえば、第5次エネルギー基本計画が公表された2018年の1年後、菅・前首相の「カーボンニュートラル宣言」がなされた2020年の1年前、という時期です。その後、2021年3月には2兆円の「グリーンイノベーション基金」が造成され、同年10月には第6次エネルギー基本計画が公表、同年12月には日本初の本格的な洋上風力発電入札の第1回（ラウンド1）の結果が発表されました。さらに、2023年7月にはGX戦略（脱炭素成長型経済構造移行推進戦略）が閣議決定され、現在に至ります。世間一般にも、2020〜2022年はCOVID-19が蔓延した時期でもあり、2021年には欧州でエネルギー価格高騰、2022年2月にはロシアによるウクライナ侵略、2023年10月にはガザ戦争（イスラエルによるパレスチナ・ガザ地区への侵略）など、世界中がきな臭くなっているという激変の時代でもあります。

　このような時代に、5年ほど前の時代、すなわち「近過去」の話をするということは、ちょっとした歴史を振り返ることにもなります。日進月歩の激変の時代、我々の分野では「去年のことをいうヤツは考古学者だ」というジョークもあるくらいですが、ここは敢えて過去を振り返り、故きを温ねて新しきを知るという観点から、筆者が数年前に書いた論考をお読みいただければと思います。

　いずれも雑誌寄稿時の文章をそのまま採用し、明らかな誤字脱字や誤記以外は極力修正せず、掲載当時のままの雰囲気を残しました。本書で取り上げられた一連のテーマのほとんどが、ごく一部を除いて現在でも十分解決されず、そのまま今でも問題提起として通用するものです。それだけ日本の再生可能エネルギーを取り巻く諸問題はまだまだ解決され

ていないものも多く、そのことも含め、当時の問題を振り返っていただければと思います。

　表0-1は、各章の初出公開時期、テーマをマトリクスで表したものです。同じテーマが異なる解説論文でくりかえし、あるいは形を変えて登場します。本書はほぼ、初出時が古いものから新しいもの順に章を並べていますので、第1章から順に読んで日本の再エネ導入の小史を時代順に確認してもよいですし、表のマトリクスにしたがって興味のあるテーマから飛ばし飛ばし読んでいただいても構いません。

　これらの解説論文は、異なる分野の研究者・専門家に向けて書かれたものであるため、同じような図や文章が繰り返し登場することもあります。一冊の本として編み一挙に読むと冗長にお感じになるかもしれませんが、いずれも基本的（かつ日本にあまり入ってこない重要な）情報として「大事なことなので2度言いました」的な感じで脳内インプットしていただければと思います。

　本書は、学会誌や専門誌の解説論文を編んだものという性格のため、筆者のこれまでの一般向けの書籍と異なり、少々専門用語が多いことは否めません。専門用語に関しては、一般の方にも唐突感がないように脚注でできるだけわかりやすい解説を追加しました。また、その分野の基礎知識や背景についてある程度理解している読者が読むことを前提として書かれたものであるため、技術的・制度的背景をあまり説明していないケースも多いですが、この点は何卒ご了承下さい。技術的・制度的背景や基礎知識をじっくり深掘りしたい方は、拙著『世界の再生可能エネルギーと電力システム』シリーズも併せてお読みいただければ幸いです。

2024年7月、グラスゴーにて
ストラスクライド大学
安田　陽

表 0-1 各章の初出とテーマ

章番号	初出	掲載誌	ネットゼロ	系統連系	柔軟性	セクターカップリング	蓄電池・エネルギー貯蔵	空容量	発送電分離・電力自由化・電力市場	FIT	便益	環境アセス・ゾーニング	イノベーション
第1章	2019年4月	金属		◎	○		○	○			○		
第2章	2019年5月	計画行政		○					◎		○		
第3章	2019年5月	光発電		○			○		○	○	○	○	
第4章	2020年5月	風力エネルギー		○						○	◎		
第5章	2022年1月	化学装置	◎	○	○	○					○		○
第6章	2022年5月	太陽エネルギー	○	○	◎	○					○		
第7章	2022年3月	エネルギーと動力		○	○								
第8章	2022年6月	太陽エネルギー		○				○	○	◎	○	○	
第9章	2023年9月	太陽エネルギー		◎				○			○		
第10章	2024年3月	エネルギー・資源	○	○	◎	○			○		○		○

目次

はじめに ……………………………………………………………… 3

第1章　系統連系問題の神話の解体 ……………………… 9
1-1　はじめに ……………………………………………… 10
1-2　系統連系問題の誤解と神話 …………………………… 11
1-3　なぜ誤解や神話が発生するのか？ …………………… 19
1-4　おわりに ……………………………………………… 22

第2章　電力系統は誰がどのように計画をするのか？ ……… 25
2-1　はじめに ……………………………………………… 26
2-2　電力自由化と発送電分離 ……………………………… 27
2-3　不確実性下における電力系統の計画 ………………… 30
2-4　電力系統計画ツールの最新国際動向 ………………… 34
2-5　まとめ ………………………………………………… 39

第3章　グッドな地産地消とバッドな地産地消 …………… 41
3-1　はじめに ……………………………………………… 42
3-2　バッドな地産地消とは ………………………………… 44
3-3　グッドな地産地消のために …………………………… 53
3-4　おわりに ……………………………………………… 57

第4章　風力発電が社会にもたらす便益 …………………… 61
4-1　はじめに ……………………………………………… 62
4-2　便益とは何か？ ………………………………………… 63
4-3　再生可能エネルギーの便益 …………………………… 65
4-4　費用便益分析の重要性 ………………………………… 69
4-5　まとめ ………………………………………………… 72

第5章　脱炭素の国際動向 ………………………………………… 75

　5-1　はじめに ………………………………………………… 76

　5-2　日本でのカーボンニュートラルの議論 ……………… 77

　5-3　IEA "Net Zero" 報告書の概要 ……………………… 80

　5-4　他の国際機関による脱炭素に関する議論 ………… 89

　5-5　VRE大量導入に関する国際議論 …………………… 97

　5-6　国際議論と国内議論の乖離 ………………………… 104

　5-7　おわりに：日本のとるべき道 ……………………… 108

第6章　脱炭素に向けたエネルギー貯蔵の役割 ……………… 113

　6-1　はじめに ………………………………………………… 114

　6-2　世界の脱炭素議論の動向と日本の立ち位置 ……… 115

　6-3　再生可能エネルギー大量導入時代の系統運用 …… 118

　6-4　エネルギー貯蔵の役割 ………………………………… 128

　6-5　技術選択の意思決定手法としての費用便益分析 … 131

　6-6　まとめ …………………………………………………… 135

第7章　再生可能エネルギー大量導入による慣性問題 ……… 139

　7-1　はじめに ………………………………………………… 140

　7-2　脱炭素の主役技術としての再生可能エネルギー … 142

　7-3　慣性問題 ………………………………………………… 144

　7-4　慣性問題の解決方法 …………………………………… 152

　7-5　おわりに ………………………………………………… 162

第8章　FIT制度導入後の風力発電と電力システムの現状と課題···· 167

8-1　はじめに···168

8-2　FIT制度導入後の現状 ·································169

8-3　FIT制度の基礎理論 ···································172

8-4　FIT制度と他の法令・ルールとの不整合性 ·············181

8-5　まとめ···201

第9章　洋上風力発電の系統連系とコスト ·····················211

9-1　はじめに···212

9-2　洋上風力発電所（OWPP）の電気システム ···········213

9-3　陸上系統への接続·······································219

9-4　オフショアグリッド····································226

9-5　グリッドコード··230

9-6　洋上風力発電のコスト··································235

9-7　おわりに···241

第10章　再生可能エネルギー超大量導入を実現する系統柔軟性·····247

10-1　はじめに：「2030年までに再エネ3倍」の背景·················248

10-2　系統柔軟性···254

10-3　おわりに···267

あとがき ···271

第1章　系統連系問題の神話の解体

なぜ誤解や神話が発生するのか

◎初出：金属, Vol.89, No.4, pp.353-359 (2019)

　この解説論文は、2019年に『金属』という材料化学系の専門誌からお声がけいただき、「風力エネルギー利用の現状と展望」という特集のひとつとして寄稿した論考です。必ずしも電力工学の専門ではない他分野の研究者が再生可能エネルギーの最新動向や課題について情報収集するために、再生可能エネルギーの系統連系問題についていくつかのトピックスを取り上げ、それぞれ短く解説したものです。本書を読む方にとっても、最初の章として、2019年当時の再生可能エネルギーの課題を俯瞰するのに役立つものと思われます。

　本章で取り上げたテーマのうち、「空容量問題」は解消しつつありますが、あくまで対症療法に過ぎず、2019年時点で書いた通り「根本的な解決に至っていない」ことには変わりません。この点は第8章（2022年6月初出）の現状と課題でも取り上げます。また、再生可能エネルギーを取り巻く諸課題を根本的に解決する考え方や技術に関しては、第4章（便益）、第10章（柔軟性）も併せてお読み下さい。

1-1　はじめに

　2018年7月に閣議決定され公表された『第5次エネルギー基本計画』[1]では、再生可能エネルギー（以下、再エネ）について、「2013年から導入を最大限加速してきており、引き続き積極的に推進していく。（中略）2030年のエネルギーミックスにおける電源構成比率の実現とともに、確実な主力電源化への布石としての取組を早期に進める」（同文献、p.17）と位置付けており、「主力電源化」が明記された。

　しかしながら、現在の日本では、再エネの普及に際して、系統連系問題が依然として大きな障壁として立ちはだかっている。系統連系問題とは、再エネ電源が電力系統に接続・給電する際に生じる問題全般を指す。一般に日本では、系統連系問題というと、新規テクノロジーである再エネ電源側に技術的問題点や課題があり、既存インフラである電力系統に悪影響を及ぼすために問題が発生すると考えられている場合が多い。

　ところが、結論を先取りすると、海外では過去10〜20年以上にわたり議論が進み、新規テクノロジーである再エネ電源の系統接続や給電に際して問題が発生するならば、それは電力系統側で技術的イノベーションが進んでいなかったり法制度が追いついていなかったりといった受け入れ側のインフラ問題であるという認識に変わりつつある。

　本稿では、海外の最新情報や学術的・実務的議論を紹介しながら、系統連系問題に関して日本で流布する「古い考え方」（＝神話）を解きほぐし、再エネ大量導入と主力電源化の道を探る。

1-2 系統連系問題の誤解と神話

1-2-1 「再エネは不安定」

再エネの中でも特に風力や太陽光といった入力エネルギーが変動する電源は、変動性再生可能エネルギー（VRE：Variable Renewable Energy、以下VREと略）と呼ばれる。

VREは従来電源である火力や原子力と異なり、入力エネルギーを人為的制御することが難しいため、「不安定電源」であると指摘されることが多い。このことが、工学的・実務的に正しいかどうかを本項では検証する。

まず、「不安定電源」なる言葉があるとするならば「安定電源」という言葉があっても良さそうだが、実は電力工学では「安定電源」なる用語や概念は存在しないことに留意が必要である（なお、パワーエレクトロニクスの分野では「安定化電源」という用語や製品があるが、これは室内実験などで用いる高品質の電源装置を指し、今回の議論とは全く別物である）。

電力工学では、個々の電源（発電所）や電源種が「安定」であるかどうかはあまり重視されず、電力系統全体での安定性や信頼度に重きが置かれる。すなわち、個々の電源が何らかの要因（例えば雷や台風、地震、人為的ミスなど）で予期せず突発的に供給支障や出力低下を起こしたとしても、電力系統全体が大きな影響を受けずにシステムの運用を維持できることが最大の関心事である。

電力工学においては、電力の安定供給に関する指標として、以下の2つの用語がある。

・供給信頼度 reliability

停電の発生頻度、継続時間、発生範囲によって表される電力供給の

第1章　系統連系問題の神話の解体　11

信頼性 [2]。

・**系統安定度 stability**

発電された電力と使用される電力のバランスが事故などによって崩れた場合、バランスがとれた状態に収束する力のこと [2]。

また、供給信頼度はさらに以下のような2つの概念に分けることができる。

・**アデカシー adequacy**

想定された状況すなわち系統設備すべて健全な状態およびN-1状態において、設備がその容量以内、系統電圧が許容値以内となること [3]。

・**セキュリティ security**

想定された事故に対し、電力系統が動的な状態を含め供給を維持できること [3]。

ここで、「N-1」とは、電力系統設備の一構成要素が事故で停止した場合（N-1）にも停電や電源停止などの影響が基本的に発生しないという設備形式の考え方である。このように、火力や原子力といえども個々の発電所・発電機が「安定」であるという幻想を抱かず、万一の際にもシステム全体の健全性を維持する設計思想がここに見て取れる。

大型火力発電所や原子力発電所といった大規模電源に突発的な供給支障があった場合、瞬時に数百MW～1GW（数十～百万kW）もの電力がゼロとなり、極めて大きな変動が発生する。大型火力の電源脱落による周波数の変化速度は、VREの出力変動で発生する変動の比ではない。VREは分散型電源であるため、たとえある地域のメガソーラーに突然雲がかかったりウィンドファームに吹いていた風が突然止んだりしても、原子力や大型火力の突発的な停止よりははるかに変化速度も緩やかである。確かにVREは従来型電源の運用という「常識」から考えると、変動し予測がしづらいように思えるが、そもそも需要も変動し、それを予測すること自体が電力系統の運用の一部である。VREは変動するから「不安定だ！」ではなく、その変動成分を電力系統全体でどこまで管理できるか？が本来の電力系統の運用思想である。

1-2-2 「再エネにはバックアップ電源が必要」

　同様に、VREは変動するがゆえに、「バックアップ電源が必要！」という誤解も日本では根強く残っている。極端な場合は、個々のVRE発電所に対して専用のバックアップ電源が必要だと考えたり、万一風が吹かなかったり太陽が照らなかった場合に備え系統内のVREと同じ容量のバックアップ電源が必要だと誤解する人も少なくない。

　一方、電力工学に関する学術や実務の分野では、国際的な議論は「バックアップ」ではなく「柔軟性(flexibility)」に関心が移っている。

　柔軟性は、簡単にいうと電力系統全体がもつ調整能力のことであり、国際エネルギー機関（IEA）によると、

　①ディスパッチ（制御）可能な電源
　②エネルギー貯蔵
　③連系線
　④デマンドサイド

の4つに分類できる[4]。図1-1に電力系統における柔軟性の考え方を示す。

図1-1　ある電力系統の中での柔軟性の検討方法（文献[4]の図を元に筆者作成）。

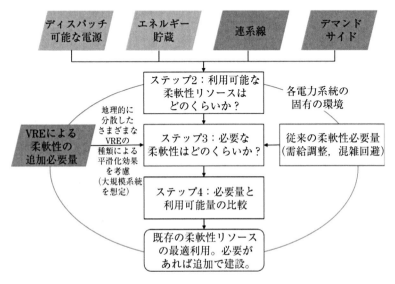

このうち①のディスパッチ（制御）可能な電源のうち火力発電が、いわゆる「バックアップ電源」というイメージに相当する。ただし、制御可能な電源は火力だけでなく、応答の速い貯水池式水力発電や小形ガスタービンによる分散型コジェネレーション（コジェネ）なども含まれる。このように、電力系統全体で考えられる調整能力としての柔軟性は「バックアップ電源」だけに限定されるものではない。さらに、電源以外の既存設備（エネルギー貯蔵、連系線、デマンドサイド）を使うという選択肢も存在する。現在日本で盛んに喧伝される「バックアップ電源」とは、系統全体が持つさまざまな柔軟性の中で、極めて限定されたひとつの選択肢でしかないことがわかる。

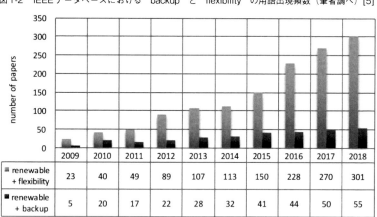

図1-2　IEEEデータベースにおける"backup"と"flexibility"の用語出現頻数（筆者調べ）[5]

　事実、「バックアップ（backup）」と「柔軟性（flexibility）」という2つの用語について、米国電気電子学会（IEEE）の論文データベース（IEEE Xplore®）に収録されている学術論文・国際会議資料の中から年ごとの用語出現数を調べると、図1-2のようになる。この図からわかる通り、"backup"という用語を用いる文献は相対的に少なく、多くの文献で"flexibility"という用語が登場する。系統運用に関して今や世界中の研究者や実務者の間で盛んに議論されている概念は「バックアップ」ではなく、「柔軟性」であると言える。日本ではこの「柔軟性」という用語が特定分野の

専門家以外の人の目に触れる機会がいまだ少なく、そのことは、図1-1に示すような概念およびそれを用いた技術的解決手段が存在することが日本に十分広まっていないことを示唆している。

1-2-3 「再エネには蓄電池が必要」

　前項で柔軟性のリソースの一つにエネルギー貯蔵を挙げたが、それは必ずしも蓄電池を意味するわけではない。日本では多くの人が「再エネの変動対策には蓄電池」と思い込んでいるが、<u>蓄電池は最初の選択肢ではない</u>。なぜならば、前出の文献[4]で提唱された<u>柔軟性のコンセプトは、①既存の利用可能な柔軟性リソースから使う、②必要があればコストの安いものから追加で建設する、が原則</u>だからである。したがって、現在、既存の電力システムに存在するエネルギー貯蔵設備といえば、第一に揚水発電が挙げられる。

図1-3　柔軟性の選択の優先順位（文献[6]の図を元に筆者作成）

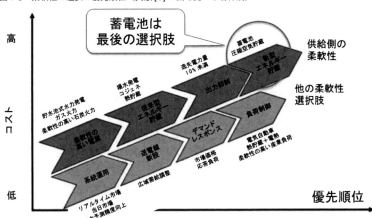

　図1-3にIEA Wind Task 25（国際エネルギー機関風力技術協力プログラム第25部会：風力発電大量導入時の電力系統の設計と運用）が提案する柔軟性選択のための概念図を示す。ここでは、上段に供給側の柔軟性、下段にそれ以外（系統や負荷側）の柔軟性が提示され、それぞれ実現可

能性や開発コストの安い順に並べられている。蓄電池という新規デバイスを投入する前に既存の設備の有効利用を考えるべきであり、新規設備を建設する際にも蓄電池よりコストが安い選択肢が数多く存在することがわかる。

　もちろん、蓄電池そのものが否定されるわけではなく、蓄電池ならではの柔軟性リソースの能力の価値は正当に評価されるべきものである。その場合でも、その価値は可能な限り市場取引を通じて市場価値として評価されることが望ましい。その点で、VRE変動のためだけに設置する蓄電池は（ましてやVRE発電所側に設置し特定のVRE変動だけを制御するものは）技術的にも経済的にも合理性に欠けた使い方であるといえる。市場取引を通じた蓄電池の利用に関しては、文献[7]を参照のこと。

1-2-4　「再エネがたくさん入ると停電になる」

　「再エネは不安定」の項において「再エネは不安定」なる誤解について解説したが、その派生で「再エネは不安定だから、たくさん入ると需給バランスが崩れると停電の恐れがある」という言説は、いまだに多くのメディアで見受けられる。

　しかしながら、「需給バランスが崩れると停電の恐れがある」のは、再エネが全くない電力系統にも当てはまることであり、ことさら再エネと関連づけて停電の可能性を強調するのは公平性を欠き、工学的にも妥当な理解とは言えない。

　例えば、2018年9月に発生した北海道ブラックアウトは、直接の原因は地震動に起因する石炭火力発電所3機の電源脱落と4系統の送電線故障であった[8]。同様に、過去世界中で発生したブラックアウト・広域停電も再エネが原因であったものは見られていない（再エネが原因であるかのように疑われ、その後、直接的な原因でなかったことが判明した例はある）。

　また、図1-4はVREが大量導入されたデンマーク（2015年時点で発電電力量導入率51%）およびドイツ（同19%）と日本（同4%）の需要家あ

たりの年平均停電時間の推移を比べた図であるが、VREの大量導入が進むデンマークやドイツは日本と同等もしくはそれより低い停電時間を実現し、その傾向はVREの導入を進めながらもさらに年々漸減させていっていることがわかる。

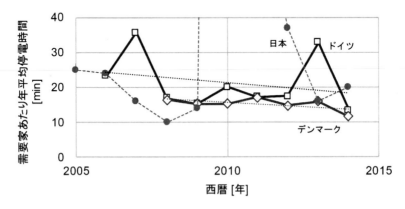

図1-4 デンマーク、ドイツ、日本の需要家あたり年平均停電時間（文献[9],[10]のデータを元に筆者作成）。日本のデータは年度。2010年度、2011年度は東日本大震災の影響で514分、79分となり、グラフ外

　もちろん、再エネは新しい技術であるがゆえに、従来通りの系統運用をそのまま続けていればよいというものではなく、その点で楽観視は禁物だが、少なくとも、「再エネさえなければ停電は減り、再エネが入れば停電が増える」という傾向は、統計データからは見出せないことがわかる。
　過去10年以上にわたる各国の知見と経験からは、適切な系統運用・設計を行えば再エネを大量導入しても電力の安定供給は実現できることが明らかになっている。適切な系統運用・設計の中には、「再エネは不安定」の項で述べたようにアデカシーやセキュリティの定量評価も含まれる。

1-2-5 「再エネを受け入れるための空容量がない」

　いわゆる「送電線空容量問題」は、2018年には大きくクローズアップされた。その後、経済産業省でもこの問題の改善のために議論が進み「日本版コネクト&マネージ」などの改善策が打たれたが、抜本的な解決に

第1章 系統連系問題の神話の解体　17

は至っていない。

　空容量問題は、文献[11]で指摘された通り、技術的な要因ではなくルール上の問題である。日本では、当該送電線の空容量をその送電線に接続される全ての発電機定格容量を基準に静的に算出しており、それが接続の制約の理由として不自然に転嫁されている。一方、再エネの大量導入が進む欧州などでは、実潮流を用いて空容量が動的に（時々刻々と）算出される一方、送電線の容量不足を理由に接続を拒んではならないことが法令で明記されている[11]。この問題は、単に「空いている／空いていない」といった技術的・表面的問題に矮小化すべきではなく、そもそも「空容量」の（技術的ではなく法令上の）定義は何か？その根拠となるデータの開示や意思決定の過程に透明性があるか？という制度上の問題が根本原因である。

1-3　なぜ誤解や神話が発生するのか？

　以上、概観した通り、再エネにまつわる多くの言説は、科学的事実や理論に基づかないものが多い。また、あたかも技術的問題であるかのように議論されているものが、実は制度設計上の不備・不調和に起因するものも見られている。本章では、なぜ「科学技術立国」とも言われる日本で、このような科学的事実を無視した言説が多く流布してしまうのかについて、短く考察する。

1-3-1　便益の概念の欠如

　世界中で再エネがなぜこれほどまでに急速に導入されているかというと、一つには技術革新による要素も多いが、もう一つには再生可能エネルギーの導入は社会的便益を生み出す、という経済学的な理論的裏付けがあることも無視できない。

　再エネに限らず、新規テクノロジーを導入するにはたいてい追加的なコストが発生する。しかし、そのコストは決して無駄な散財でも国民負担でもなく、次世代への投資として捉えることができる。再エネは確かに現時点では従来電源よりもコストが高いが（海外ではコストが低廉化しつつあるが）、支払ったコスト以上のリターンが将来の市民に還元されることが、多くの論文や報告書で明らかになっている。また、その「リターン」は決して抽象的なものではなく、さまざまな分析によって貨幣価値などに定量評価される。それが経済学用語で**便益 benefit**と呼ばれるものである。

　しかしながら、工学の分野では（公共事業を扱う土木工学は例外として）この便益という概念は希薄であり、例えば**費用便益分析CBA：Cost-Benefit Analysis**といった科学的・定量的手法があるということ自体が工学系の研究者・実務者の間であまり浸透していない。特に日

第1章　系統連系問題の神話の解体　19

本では、エネルギー分野・電力分野ではまだまだその概念は希薄である。

　もしこれから導入される新しいテクノロジーに対して便益が十分認識されずそれが定量評価されないとしたら、そのテクノロジーに対するイメージは過度な期待か漠然とした不安かどちらかに極端に二分化されがちである。現在の日本で、再エネに対して科学的事実に基づかない批判的言説が多く、さらにそれに対して科学的な反論なく容認されてしまう傾向があるのは、この「便益」という経済学上の概念の欠如もしくは希薄さが遠因であると推測することができる。

1-3-2　受益者負担の原則という概念の欠如

　公共経済学や環境経済学の分野では、**原因者負担の原則 causers-pay principle** や **受益者負担の原則 beneficiary-pay principle** といった費用負担のあり方がしばしば議論されるが、前項で議論した通り、再エネに便益があるという共通理解がなければ、「再エネは電力系統に悪影響を及ぼす」と見られ原因者負担の原則に陥りがちである。

　日本で「再エネは不安定」「バックアップ電源が必要」「蓄電池が必要」「空容量がない」という言説がまかり通るのは、受け入れ側の既存インフラを改善することなく、新規テクノロジーである再エネ側に技術改善を要求する発想にほかならない。

　しかしながら、世界では再エネには便益があるという定量評価がこれまで十分蓄積されているため、再エネという便益をもたらす新規テクノロジーを受け入れるために既存インフラの方を改善する（そのことでさらに社会的便益が向上する）ことを選択し、その費用負担も今や受益者負担の原則に転換している。特に欧州や北米では、法令レベルでこの受益者負担の原則が謳われている。

　受益者負担の原則の発想は、単に経済学的な費用負担の問題だけでなく、技術的問題の解決方法の責任主体の問題と捉えることもできる。欧州の送電会社は送電線増強・新設の費用負担を一旦引き受け、それらをネットワークコスト（日本の託送料金に相当）として電力消費者に転嫁

しているが、系統連系問題の解決にあたってその責務を自ら進んで引き
受け、系統技術のイノベーションを進めることによりリスクテイクを可
能とし、さらに新たな送電線投資を呼び込むという好循環が生まれてい
る[12]。

1-4　おわりに

　本稿では再生可能エネルギーの系統連系問題を取り上げるにあたって、「再エネは不安定」「バックアップ電源が必要」「蓄電池が必要」「再エネは停電をひきおこす」「空容量がない」といった日本に多く流布する神話を取り上げ、その誤解を解体することを試みた。これらの誤解や神話は、科学的根拠に基づかなかったり、技術的課題ではなく制度設計の問題であったりといったものがほとんどであることを明らかにした。

　また、なぜ日本でいまだにこのような誤解や神話が多いのか、その理由について、経済学的な概念も紹介しながら推測を試みた。新規テクノロジーの普及という産業技術史的な広い視点から、本稿が適切で健全な議論の一助になれば幸いである。

参考文献

[1] 日本政府：エネルギー基本計画，2018年7月.

[2] 電気新聞：電力・エネルギー時事用語辞典，2012年版 (2012).

[3] 電気学会 給電用語の解説調査専門委員会編：給電用語の解説，電気学会技術報告第977号，(2004).

[4] International Energy Agency (IEA): "Harnessing Variable Renewables − A Guide to the Balancing Challenge" (2011).

[5] 安田陽：系統連系問題，植田和弘・山家公雄編：『再生可能エネルギー政策の国際比較』，第6章，京都大学学術出版会.(2017).

[6] IEA Wind Task25: FACTS SHEET-Wind Integration Issues (2016), https://higherlogicdownload. s3. amazonaws.com/IEAWIND/ 4ab049c9-04ed-4f90-b562-e6d02033b04b/UploadedFiles/V0WYoHHRAy TXOU9Nz3j_Integration_FS_Nov%202017.pdf

[7] 安田陽:「欧州の風力発電最前線 〜第5回 もしかして日本の蓄電池開発はガラパゴス？（後編）〜」，SmartGridニューズレター，4 No.7，(2015), 22-27.

[8] 電力広域的運営推進機関 平成30年北海道胆振東部地震に伴う大規模停電に関する検証委員会：最終報告(2018).

[9] Council of European Energy Regulators (CEER): 6TH CEER Benchmarking Report on the Quality of Electricity and Gas Supply − Annex A: Electricity − Continuity of Supply, (2016).

[10] 電気事業連合会: Infobase2016, (2016).

[11] 安田陽：送電線は行列のできるガラガラのそば屋さん？，インプレスR&D, (2018).

[12] 安田陽: 風力発電のおかげで送電インフラ投資が進む〜EUの研究開発プロジェクトの動向調査〜，日本風力発電協会誌，第12号，(2016.9)，120-127，http://jwpa.jp/2016_pdf/90-51mado.pdf

第2章　電力系統は誰がどのように計画をするのか？

電源計画・系統計画に関する最新国際動向

◎初出：計画行政, Vol.42, No.2, pp.3-8 (2019)

　本論考は、計画行政学会の学会誌『計画行政』から執筆依頼され寄稿した解説論文です。計画行政学会という分野の研究者のために、特に電力系統（電力システム）がどのように計画され運用されているのかについて、歴史的経緯や最新のシミュレーション技術も踏まえ解説したものです。

　日本でも、2016年の電力小売全面自由化や2020年の発送電分離を経て、電力系統の計画や運用に関する考え方が過去のシステムからすっかり変わったはずなのですが、現時点（2024年）においても、メディアも含め相変わらず「電力会社」という古い時代の概念を指す言葉が多用されるなど、人々のマインドが未だ古いままに留まっているように思えます。そのため、技術や制度に関して敢えて古いものを顧みて、今我々がどこにいるのか、どこへ向かうのかを確認することは重要です。この点は、拙著『世界の再生可能エネルギーと電力システム　電力システム編』（2018年）第2章も併せてお読み下さい。

2-1　はじめに

　世界中で電力自由化と発送電分離が進んでいるが、日本でも遅まきながら2016年に電力全面自由化が施行され、2020年に発送電分離が行われる予定である。

　従来、発電・送配電・小売部門が垂直統合された電力産業では、電源（発電所）の建設時期や地理的配置、それに伴う送配電線の敷設は、政府ないし少数の民間プレーヤーによって「計画的に」進められてきた。電力系統の計画は主に「発電計画」と「系統計画」に分けることができるが、電力自由化および発送電分離が行われる前は、それらは渾然一体となり不可分のものであった。

　しかし、電力の自由化が進むと発電部門は多数の市場プレーヤーによって競争的に電源開発が進められることになる。そのため、電源の配置の予測に不確実性を伴うようになり、従来型の政府ないし少数の民間プレーヤーによる「電源計画」が困難になる。それと同時に、不確実性を伴いながら配置される電源に対して、発電部門とは独立した送電部門が系統増強や新設を意思決定せねばならず、これも従来型の「系統計画」が通用しなくなる。

　このような大きな不確実性を伴う新しい形態の電力系統に対して誰がどのように計画（ないし予測）をするのか？　という根本的な問いは、今後の電力インフラの投資を考える上で極めて重要である。本稿では、これまで日本で議論が希薄であった電力系統の計画のあり方について、国際的な最新動向を交えながら概観する。

2-2　電力自由化と発送電分離

　電力系統は長い間世界中の多くの国で、いわゆる「電力会社」と呼ばれる会社がその国・地域の発電・送電・配電・小売の全ての部門を所有・運用する「垂直統合」と呼ばれる形態が続いてきた。この考え方は、従来、電力の発生・輸送に関わる産業が費用逓減型産業であり、規模の経済が働くため自由競争が適さないと考えられていたためである。その地域で発電・送電・配電・小売の全ての部門の独占を許された会社は、地域独占が許される代わりに政府や規制機関によって厳しく規制されていた。欧州の多くの国では従来「電力会社」は国有もしくは国営であったが、ドイツや日本では民有民営、米国では公営と民営が混在していた。

　多くの国では1990年代より電力自由化の動きがあり、発電と小売の部門に競争原理が導入される一方、送配電部門は費用逓減産業であることから、引き続き規制部門に留められることになった。電力自由化の流れの中で発送電分離が必要な理由は、部門ごとに自由化と独占維持の異なる方向性が存在するからである。

　図2-1に垂直統合の形態、図2-2に法的分離後の形態、図2-3に所有権分離後（日本では未議論）の形態を示す。

図2-1　垂直統合の形態（著者作成）

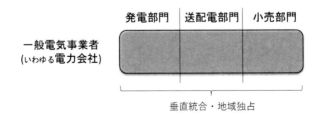

図2-2 法的分離の形態（著者作成）

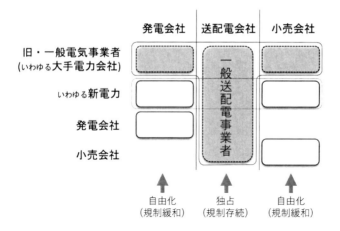

図2-3 所有権分離の形態（著者作成）

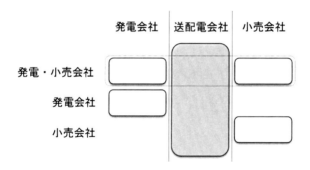

　なおここで、「法的分離」とは、送配電会社が発電・小売会社とホールディングスや関連会社の形で資本提携を許容する形態の発送電分離であり、「所有権分離」とは送配電会社と発電・小売会社に如何なる資本関係も許容しない形態である。

　例えば欧州（欧州連合（EU）に加え、ノルウェー、アイスランド、スイスなどを含む地域）では1996年に法的分離が導入され、2009年には所有権分離が完了している（一部例外あり）。これによって欧州では、送電部門は発電部門および小売部門と資本関係を持たない送電系統運用者（TSO: Transmission System Operator）が送電系統を所有・運用してい

28

る。また配電部門は送電と同じ規制部門であり、配電系統運用者（DSO: Distribution System Operator）が所有・運用するが、この部門は発電・小売会社が所有することが許されている。

　また、北米は独自の発送電分離の形態が進んでおり、発電部門を所有・運用する電気事業者が送電部門を所有することは引き続き許容されるものの、計画と運用に関しては独立送電運用機関（ISO: Independent Transmission Operator）もしくは州際送電機関である地域送電運用機関（RTO: Regional Transmission Operator）という非営利組織が行うという「機能分離」方式を取っている。

2-3　不確実性下における電力系統の計画

2-3-1　電力自由化以前の電源計画

　発送電分離以前は、垂直統合された電力会社が発電および送配電を含む電力系統の計画のほとんど全てを担っていた。垂直統合された電力会社は規制部門であるため、政府ないし規制機関に厳しく監督され、電力系統の計画を電力会社が策定したとしても、政府の承認のもと行われる（国によっては政府もしくは立法府が電力系統の計画を策定することがある）。

　電源計画は、将来の電力需要の増加や減少に対応して、「いつ・どこに・どれだけ」の電源を準備するか？　という問題に還元される。「いつ・どれだけ」という発電設備容量の総量やその配分（電源構成、または、いわゆるエネルギーミックス）に関しても、日本では政府の主導で電源構成の将来計画が進められてきた。例えば『長期エネルギー需給見通し』は1967年から2～3年ごとに改訂され、最新版は2015年に公表されている[1]。また、2002年にはエネルギー政策基本法が成立し、この中で新たに『エネルギー基本計画』を策定することが定められた。第1次エネルギー基本計画は2003年に策定され、以降2～3年ごとに更新され、現在は2018年の第5次が最新版である[2]。

　また「どこに」という電源立地に関する計画については、日本では、電源開発促進法（1952年制定、2003年廃止）に始まり、電源開発促進税法、特別会計法、発電用施設周辺地域整備法（1974年制定、いわゆる「電源三法」）や原子力発電施設等立地地域の振興に関する特別措置法（2001年制定）など、立法や行政によって管理され、手厚く支援されていた。このことは、電力会社という民間会社が主体となった投資計画とはいえ、政府の強い主導ないし関与による計画経済的な意思決定が日本でなされ

てきたと言うことができる。

一方、系統計画に関しては、「はじめに」で述べた通り、電力自由化および発送電分離が行われる前は、電源計画と渾然一体となり不可分のものであった。例えば日本では、東京電力の福島第一・第二原子力発電所や関西電力の黒四ダム（黒部川第四発電所）などのように、自身の供給エリア外の土地に発電所を建設し、そこまで遠距離の自社設備送電線を敷設するという発送電一体の計画がしばしば見られる。これはいわゆる「凧揚げ方式」とも呼ばれ（例えば、文献[3]などを参照のこと）、他国でははとんど見られない電源配置と送電線敷設の形態であるが、これは電源計画と系統計画が不可分であったことの典型例とも言える。

2-3-2　電力自由化時代の各国・各地域の電源構成予測

電力自由化と発送電分離が進んだ国では、発電部門と送電部門が分離され、発電部門は競争的に開発が進むため、政府や強い規制下にある少数の民間会社がその地域や国全体の電源計画を立案することは難しく、「いつ・どれだけ」という総量に対して「予測」や「目標」が設定されるに過ぎない。

例えば、欧州では気候変動（地球温暖化）対策の観点から、欧州委員会の報告書「2020～2030年の気候およびエネルギーに関する政策枠組み」[4]などが提言されているが、ここでは2030年までにエネルギー消費量に対する再生可能エネルギー27%に達成するなど、気候変動の緩和に直接的に関わるエネルギー源に関しては具体的な数値目標設定が掲げられるものの、それ以外に関しては個別の数値目標はなく、あくまで加盟各国に委ねられている。

EU加盟各国では石炭火力に関してはフェーズアウト（段階的廃止）の政策を打ち出している国が多く、多くの国が2025～30年までに0%とすることを表明している[5]。また、原子力発電に関しては、ドイツが2029年までに、スイスが2050年までに廃止を決定しているが、それ以外の国では特に具体的な方針は打ち出されていない。

米国では、エネルギー情報局（EIA: Energy Information Agency）が毎年1月に「エネルギー年次展望」を発表しており、最新の2019年版によると2050年には年間発電電力量における天然ガス、再生可能エネルギー、石炭、原子力のシェアがそれぞれ39%、31%、17%、12%となることが予測されているが[6]、これは政府の意思や目標を表すものではなく、あくまでモデル計算による予測であることが報告書に明記されている。

このように欧州や米国では、日本のいわゆる「ベストミックス」とは異なり、電源構成やエネルギー源の割合を政府主導で計画的に定める政策を取る国はむしろ少なく、モデル計算による客観的予測や気候変動に関わるエネルギー源に対してのみ政策的な目標を掲げるケースが多いことがわかる。電源がいつどのような場所に建設されるかは、主に環境面の観点から厳しい規制が課せられるものの、大きな外部性がない限りは市場に委ねられる傾向にあるといえる。

2-3-3　不確実性のある電源計画の中での系統計画

前項で示した通り、電源構成の政策目標が固定化されず不確実性がある中で、流通設備である電力系統の投資はどのように予測され、意思決定されるのであろうか。

系統計画に関して政策レベルとして着目すべきものとしては、EUの「共通利益プロジェクト（PCI: Projects of Common Interest）」が挙げられる[7]。

PCIとは、2006年に発効された「汎欧州エネルギーネットワークのためのガイドライン」[8]に従って認定されたEU助成対象プロジェクトであり、PCIとして認定された送電線の建設にはEUによる助成が法的に担保されている。PCIに認定されるためには、費用便益分析やエネルギー安定供給、域内統合などの観点から経済的実現可能性を示さなければならない。図2-4にPCIに認定された送電インフラのマップを示す。

上記のようにEUの政策レベルで大まかに投資の優先順位が決められた構想に対して、規制部門である送電部門でも送電インフラへの投資計

図2-4 EUの共通利益プロジェクト（PCI）に認定された送電インフラ[7]（注：画像は元原稿執筆時（2019年）のものであり、現在、文献[7]から得られる情報とは異なることに注意）

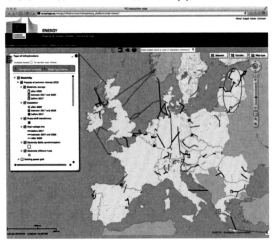

画が策定されている。欧州の送電系統運用者の連盟である欧州送電事業者ネットワーク（ENTSO-E）が2年に1度発行する系統開発10ヶ年計画（TYNDP: Ten-Years Network Development Plan）の2018年版では、欧州全体で166もの国際連系線の新設・増強のプロジェクト計画が記載されている[9]。これらのプロジェクトへの投資額は総額1,160億ユーロ（約15兆円）にも上り、それらはネットワークコスト（日本の託送料金に相当）として電力料金に上乗せされるが、それらの計画の多くが再生可能エネルギーの輸送に関連づけられており、そのようなプロジェクトに投資をすることによって再エネ電源の最適配置とボトルネック解消が解消され、卸価格が4〜11.5ユーロ/MWh（約0.5〜1.5円/kWh）低下することが見込まれている。

このように、欧州の文脈では「電力系統の拡張に対する投資は再生可能エネルギー関連のプロジェクト以外では見当たらない」[10]と指摘されるほど、再生可能エネルギーの大量導入と電力系統インフラの投資は不可分なものになっている。欧州における系統インフラの開発状況に関しては、文献[11]を参照のこと。

第2章 電力系統は誰がどのように計画をするのか？ | 33

2-4　電力系統計画ツールの最新国際動向

2-4-1　電力系統計画ツール

　電力系統の環境は各国の法制度や自然環境、地理的状況により異なるが、系統計画にあたってさまざまなツールが開発されている。これらの系統計画ツールについては、国際再生可能エネルギー機関（IRENA）による報告書で網羅的に紹介されている[12]。この報告書は、政府や電力産業において専門性のある人的リソースが不足しがちな発展途上国のエネルギー政策立案を支援する目的で書かれたものであるが、2-3-1項で述べた通り、これまで発送電一体の計画で系統計画ツールをあまり発展させてこなかった日本においても今後参考になるものと考えられる。

　図2-5および図2-6は系統計画にあたってのタイムスケール、タイムフレーム（解析対象期間）、タイムレゾリューション（時間分解能）の関係を示したものである。また図2-7は、非同期、地理的制約・分散型、不確実性、変動性といった、変動性再生可能エネルギー（VRE）の諸特性と系統特性や計画モデルとの関係を図示したものである。

　文献[12]によると、電力部門移行計画の過程では、長期から短期のタイムスケールにかけて以下のような4段階の計画に分類できる。

　①電源増強計画：通常20〜40年またはそれ以上という長い計画期間を有する。このような計画は再生可能エネルギーの系統連系という広範な政策的関与を反映し、長期目標とリンクすることが多い。しばしばエネルギー／電力部門のマスタープランとして発表される。**②地理空間計画**：主にVREプロジェクト現場の場所の選定、および5〜20年またはそれ以上の期間にわたる長期的送電拡張のニーズの経済面に対応する。長期的（15年以上）送電開発計画を策定する国もあるが、現在の、または短期的（5年など）な系統計画のみに集中する国もあり、系統技術研究と組み合

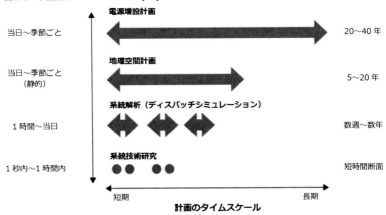

図2-5 系統計画のタイムスケール [12]

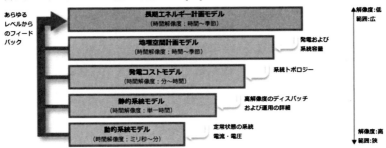

図2-6 エネルギーシステム計画の各種モデル [12]

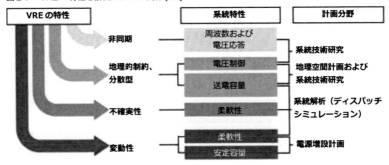

図2-7 VREの特性と計画モデルの関係 [12]

わされることが多い（下記の「系統技術研究」参照）。③**系統解析**（ディスパッチシミュレーション）：数週間から1年（または長くても2～3年）単位のタイムフレームであり、その間の電力系統内の電源容量構成は一

第2章 電力系統は誰がどのように計画をするのか？ | 35

定している。既存系統または将来のある時点での系統に適用される。**④**
系統技術研究：ある時点での系統の詳細な動的または静的解析に用いら
れ、通常、既存系統および短期（5年間など）の計画タイムスケール、ま
たは長期の計画についてはさらに詳細な解析に適用される。電圧制御お
よび電圧安定度のような系統内のセキュリティボトルネックの特定など、
電力系統のセキュリティ問題に主として対応する。

　国際的に長期エネルギー計画に用いられる代表的なツールは、表2-1に
示すようなものがある。また、代表的な送電計画モデルは表2-2のような
ものが挙げられる。

表2-1　代表的な長期エネルギー計画ツール[12]

	セクター範囲	シミュレーション	均衡	トップダウン	ボトムアップ	運用の最適化	投資の最適化	訓練の必要性 基礎	訓練の必要性 上級
BALMOREL	電気 (+一部火力)	○	一部	○	○	○		2週間*	
EMCAS	電気 (+一部輸送)	○		○		○		2週間	1週間
ENPEPBALANCE	エネルギー		○	○	○			1週	2週間
Invert	エネルギー	○			○		○	1日	
LEAP	エネルギー	○		○	○			3～4日	
MARKAL/ TIMES	エネルギー		○	一部	○	○*	○	数か月	
MESSAGE	エネルギー		一部	○		○	○	2週間	数か月*
MiniCAM[35]	エネルギー	○	一部	○	○			数か月	
Mesap PlaNet	エネルギー				○		○	5日	
PERSEUS	エネルギー		○		○		○	2週間	
RETScreen	電力				○		○		
WASP	電力	○			○*	○*		4～6週間	

　長期エネルギー計画モデルの国際的な代表例としては、表2-1および表
2-2に見られるようにBALMOREL, TIMES, WASPなどがあり、地理空
間計画や発電コストを含む発電・送電最適化モデルには、前述のTIMES,
WASPなどのほかにSWITCHモデルなどが挙げられる。

表2-2 代表的な送電計画モデル [12]

モデル名	送電投資	セクター	時間ステップ／タイムスケール
COMPETES	交流／直流, 連続	電力	時間サンプル／年 （複数年の場合には順次）
GENTEP	交流／直流, バイナリ／連続	電力（マイクロ グリッドを含む）	時間または月または年／ 複数年
Iterative gen-trans co- optimisation	交流／直流, バイナリ／連続	電力	時間または月または年／ 40 年
LIMES	連続	電力	サンプル日／40 年の合計時間数 （タイムスライスあたり 6 時間）
Meta-Net	積荷転送, 連続	電力、燃料、輸送	時間／年 （複数年の場合には順次）
NETPLAN	積荷転送, 連続	電力、燃料、輸送	時間または月または年 40 年
Prism 2.0:US-REGEN	積荷転送, 連続	電力、燃料、輸送	時間サンプル／年 （複数年の場合には順次）
ReEDS	直流（回線インピーダンス 更新時に一次遅れ）	電力	時間サンプル／40 年 （2 年間の配列）
REMix	交流／直流, 連続	電力／熱	時間／複数年
Stochastic Two-stage optimization model	交流, バイナリ	電力	時間または日／50 年 （多段階）
SWITCH	連続	電力	サンプル日における サンプル時間／複数年

　このうちTIMESは、IEAの技術協力プログラムの一部門であるエネルギー技術システム分析プログラム（IEA-ETSAP）で開発されたモデルであり、IEAやIRENAなどの国際機関、各国政府、企業、研究機関において政策立案、インフラ整備などに広く活用されているエネルギー計画ツールである[13]。TIMESでは、線形計画法、混合整数計画法、二次計画法などを組み合わせ可能な最適化開発ソフトウェアCPLEXにより、最適化問題が求解される。

　一方、日本では、Y法やL法など種々の系統シミュレータが電力中央研究所から開発されているが[14]、日本では発送電分離が完了していないため発電所建設に不確実性がある環境下での送電線の新設・増強計画に対するモデリングやツール開発、解析事例がまだまだ少ない状況であるといえる。

第2章　電力系統は誰がどのように計画をするのか？　37

2-4-2　系統計画と費用便益分析

　系統計画にあたっては、費用便益分析（CBA: Cost-Benefit Analysis）が行われることが多い。

　例えば前述のENTSO-EのTYNDPでは、対象となる全ての新設・増強線路でCBAが行なわれている[8]。そこでは、「安定供給の改善」「社会厚生および市場統合」「再生可能エネルギー発電の接続」「送電損失（の軽減）」「CO_2排出量（の削減）」「技術的レジリアンス」「柔軟性（の向上）」が送電線新設・増強の便益として計上され、それぞれ定量化が試みられている。ENTSO-Eの費用便益分析の手法についての詳細は、文献[15]も参照のこと。

　このように電力自由化が進んだ国や地域では、費用便益分析を行い社会コストを最適化することによって、多様なプレーヤーやステークホルダーの合意形成を円滑に図りながら、時代の電力系統の投資に関する意思決定が行われている状況が浮かび上がる。

　日本では、電力広域的運営推進機関が送電線増強のためのCBAを進めているほか[16]、独立研究者によってTIMESを用いた再エネ大量導入時の送電線投資の費用便益分析も行われているが[17]、科学的・客観的計画ツールによる発電・送電インフラの意思決定手法については、今後まだまだ発展の余地が大きく残されている。

2-5 まとめ

　本稿では、電力自由化と発送電分離が進んだ欧州および米国などの地域の事例、さらには国際機関による提言などを紹介しながら、電源計画・系統計画を誰がどのように行うかについて、概観した。2020年に発送電分離を迎える日本においても、将来このような客観的モデリングツールによる意思決定や合意形成が必要になると考えられ、本稿での議論が日本の電力系統のあり方に役立つことが望まれる。

参考文献

[1] 資源エネルギー庁（2015）長期エネルギー需給見通し

[2] 日本政府（2018）第5次エネルギー基本計画.

[3] 石亀篤司（2013）：電力システム工学、OHM大学テキスト、オーム社

[4] European Commission（2014）Commission communication on a policy framework for climate and energy from 2020 to 2030, COM（2014）0015

[5] 自然エネルギー財団（2018）インフォパック 石炭火力から撤退する世界の動きと日本

[6] Energy Information Agency（2019）: Annual Energy Outlook 2019 – with projections to 2050

[7] European Commission（c.a.2006）website "Energy – Project of Common Interests" http://ec.europa.eu/energy/infrastructure/transparency_platform/map-viewer/（2019年2月15日確認）

[8] European Parliament（2006）Decision No 1364/2006/EC of the European Parliament and of the Council of 6 September 2006

[9] ENTSO-E（2018）TYNDP Executive Report – Appendix: version for consultation

[10] エスポスティ, C. D.（2011）風力発電の大規模系統連系と電力市場、

J. トワイデル、G. ガウディオージ編、日本風力エネルギー学会訳：『洋上風力発電』、第7章、鹿島出版会

[11] 安田 陽 (2016) 風力発電のおかげで送電インフラ投資が進む〜EUの研究開発プロジェクトの動向調査〜、日本風力発電協会誌、第12号、pp. 120- 127.

[12] IRENA (2018) 再生可能な未来のための計画、環境省訳　http://www.env.go.jp/earth/report/h30-01/ref01.pdf

[13] Lehtila, A. et al. (2013) TIMES Grid Modeling Features, TIMES Version 3.4 User Note

[14] 電力中央研究所 (2012) 進化を続ける電力系統解析プログラムの現在、DEN-CHU-KEN TOPICS、Vol. 21.

[15] 岡田健司、渡邊尚史 (2007) 欧米諸国における送電権の動向調査、電力中央研究所報告、Y07001

[16] 電力広域的運営推進機関 (2018) 長期方針の取組みに対応した系統計画業務の方向性〜費用対便益評価について〜、第35回広域系統整備委員会資料1- (1)、2018年8月2日

[17] 安田 陽、濱崎 博 (2018) TIMES-JMT Gridを用いた日本の再生可能エネルギー大量導入長期シナリオによる送電線投資分析、電気学会新エネルギー・環境／高電圧合同研究会、FTE-18-037, HV-18-084.

第3章　グッドな地産地消とバッドな地産地消

◎初出：日本経済新聞, やさしい経済学, 2019年1月4日〜15日 (8回連載)
光発電, No.42, pp.58-65 (2019)（上記コラムを再構成して転載）

　本章の論考の初出は、日本経済新聞から依頼され、「やさしい経済学」に2019年1月に短期集中連載したコラム記事です。その後、日本太陽光発電協会（JPEA）からお声がけいただき、同協会機関紙『光発電』に解説論文という形で再構成して転載されました。
　本稿でも書いたように、「地産地消」は日本の多くの自治体の方々や再生可能エネルギー関係者の口から美辞麗句として漏れ聞こえます。それは現在（2024年）になっても改善されないばかりか、むしろ加速しているように感じます。もちろん本稿でも紹介した通り定量分析を伴う「グッドな地産地消」であればよいのですが、国際動向や科学的方法論から乖離した「バッドな地産地消」もふんわりとしたブームとしてあいかわらず多く見受けられます。
　国際的には、「地産地消」に相当する英語 "local production for local consumption" は食品や衣服などの分野では語られるものの、エネルギーの分野では（特に再生可能エネルギーの文脈では）ほとんど俎上に載らないということも認識しておく必要があります。基本的に英語で説明できないものは論理的でないことが多く、日本でしか通用しない（あるいは日本でも実は通用しない）ガラパゴス技術やガラパゴス概念である可能性が高いです。

3-1　はじめに

　日本では、2012年に固定価格買取制度（FIT）が施行され、2016年には電力小売の全面自由化も達成されて以来、多くの事業者が再生可能エネルギー（以下、再エネ）を中心とする発電事業や小売事業に参入するようになった。本稿執筆時点（2019年3月末）で、経済産業大臣に届け出のあった発電事業者は746事業者、小売事業者は583事業者が登録されている [1],[2]。

　再エネ電源は、従来の大規模集中電源に比較して出力小規模で、一般に広域的に分散して配置されるため、分散型電源あるいは分散型エネルギー源とも呼ばれる（小型ガスタービンや廃棄物発電など、再生可能でない分散型電源もある）。また、小売事業も地方自治体が出資するなど地域に根ざしたいわゆる「地域新電力」なども多数見られている。これまで地域独占の大手電力会社が所有・運営していた大規模集中電源の時代から、小規模分散型電源をもつ発電会社やさらには地域小売会社といった多数のプレーヤーが活躍するエネルギーの民主化やエネルギー自治の時代が始まったとも言える。また、**エネルギーの民主化**や**エネルギー自治**と同時に、地域に根ざしたエネルギー発生および消費の形態として、**エネルギーの地産地消**というキイワードもよく聞かれるようになっている。

　このような地域分散型エネルギーやエネルギーの民主化は、それ自体は歓迎すべきことであるが、耳心地の良い合言葉であるエネルギーの地産地消が本当に地域および日本全体、さらには地球環境に良い効果をもたらすかどうかは、十分検証されなければならない。筆者は、エネルギーの地産地消には**グッドな地産地消**と**バッドな地産地消**の2種類があるのではないかと問題提起し、エネルギーの地産地消の旗印の下、バッドな地産地消に安易に陥らないように警鐘を鳴らしている [3],[4]。

　エネルギーの地産地消は、それ自体が悪いものではない。適切に設計

され運用された地域エネルギーシステムであれば、その地域に確実に便益をもたらすことになる。それを筆者はグッドな地産地消と呼んでいる。それに対し、残念ながら素朴に善意で良かれと思って進めたとしても、結果的にその地域に負の便益をもたらしかねないバッドな地産地消も多く存在する。本稿では、以下、順を追ってバッドな地産地消の例を説明し、グッドな地産地消のために地域が何を工夫すべきかを提案する。

3-2　バッドな地産地消とは

バッドな地産地消の例としては、以下のような典型例が挙げられよう。
1. 地産地消を「鎖国」（流通遮断）だと勘違いするケース
2. 経済性が不明な新規デバイス（例えば蓄電池）を無理に投入するケース
3. 不安に煽られてとにかく防災名目で予算をつけるケース
4. 市場メカニズムを無視または軽視するケース

本節ではこのバッドな地産地消の例と、なぜそのような勘違いが発生するかについて考察する。

3-2-1　地産地消は鎖国や籠城だろうか？

筆者はこれまで、地方自治体の再エネ推進に関わる委員会や審議会や、再生可能エネルギーの視察・ヒアリングなどを通じて多く地域の方々（特に地方自治体、市民団体などの再エネに関して一生懸命考えておられる方々）の話を伺う機会があったが、エネルギーの地産地消というと、「電力会社に頼らないこと」だという意見を聞くことが多い。その動機はさまざまで、例えば「原発からの電気はもらいたくない」「電力会社は信用できない」「大企業や東京資本に搾取されたくない」などの理由も聞かれる。また、「太陽光と蓄電池があれば電力会社から電気を買わなくても生活できる（したい）」とか、「地域全体でマイクログリッドとして独立採算でやっていける（いきたい）」などという主張や希望もよく耳にする。このような大規模電力システムと分離した電力利用の形態は、基本的に**孤立系統**や**オフグリッド**と呼ばれる。

孤立系統やオフグリッドの研究は世界中で進められているが、それはアラスカやオーストラリアの孤立集落や、アフリカの未電化地域の集落、絶海の孤島などにどうやって電気を安定的に供給するか、という技術的・

経済的問題を解くための研究である。すなわち、今から何百kmも送電線や配電線を**新規**に敷設するのには莫大なコストがかかるため、それより**相対的に低コスト**な再エネ電源や蓄電池を用いて単独系統を形成する、というものである。このような地域の場合、多くは既存電源として輸送コストや発電コストが高い重油によるディーゼル発電などを用いているため、これから新たに追加する電源や蓄電池が高くても十分な競争力を持つ可能性が大いに考えられる。

　一方、日本では人の居住している地域のほぼ全てが電化されており、すぐそばまで配電線が来ていたり、あるいはすでにつながっている環境にある。このような状況の現代日本においてオフグリッドを無理矢理志向しようとすると、狭い地域で電力の需給管理や在庫調整（エネルギー貯蔵）のために必然的に蓄電池などの**相対的に高コストな新規設備**を導入せざるを得なくなる。本来、需給管理や在庫調整は電力システムという日本の本土をほぼ全て覆う巨大なプールが担っているが、それを否定すると、追加コストが低い（もしくはゼロな）**既存設備の有効利用**という合理的な選択肢をわざわざ捨て、高コストな新規設備を不合理に選択せざるを得なくなる。

　また、昨今では**ZEH（ネットゼロエネルギーハウス）**や**マイクログリッド**の研究開発が盛んだが、これらも決してエネルギーの鎖国ではなく、常時電力システムに接続して外部とのインテリジェントなエネルギーの取引を前提としている。電力システム側に停電などがあった場合は単独で自律運用も可能だが、電力システムと永遠に分離することを想定しているわけではない。

　地産地消は鎖国をすることでも籠城することでもない。また、鎖国や籠城をしない限り自治ができない訳でもない。適度に門戸が開かれ、外部との取引が活性化してこそ地域は栄えることとなる。電力という商品を考えた場合、蓄電池という高コストな貯蔵庫を新設して籠城するよりも、送配電線という既存の流通設備を通じて足りない時は外部から買ってきて余った時は外部へ売る、という輸出入を行った方が技術的にも経済的にもはるかに合理的である。電力システムが発達した日本における

安易なオフグリッド思考は、この健全な「取引」を否定ないし軽視し、結果的に高コストで非効率な孤立主義を家庭や地域に強いることになりかねない（市場取引に関しては3-2-4項でも議論）。

3-2-2　安易な蓄電池導入に経済合理性はあるか？

　「再生可能エネルギーは不安定だから蓄電池」という神話が日本を覆っている。エネルギーの地産地消でも枕詞のように蓄電池が登場するが、そもそも蓄電池は本当に最優先で必要だろうか。その問題を本項で検証する。

　エネルギー貯蔵装置としては、日本には揚水発電所が豊富にあり、その巨大なエネルギー貯蔵装置の充放電サイクルコストは蓄電池の100分の1から数十分の1である。そして既に存在し新規建設の必要はない（あったとしても数年先）。どちらを利用した方がより合理的だろうか？　蓄電池は近年価格が劇的に下がりつつあるという情報もあるが、どんなにコストが安くなっても新規設備を購入するとなると、既存設備をそのまま有効利用するより追加コストが高くつくのは自明の理である。

　また、送電線にはロス（損失）があるという意見も多いが、一般に高圧・超高圧送電線の損失は数百kmを輸送しても1～3%程度であり、数kmしか輸送しない地域の配電線の方がむしろ損失率は高い。ましてや蓄電池の損失は、もっとも性能が高いリチウムイオン電池でようやく5%程度であり、その他の従来型電池は10～30%以上にもなる。さらにインバータやパワーコンディショナの（特に低負荷運転時に大きく跳ね上がる）変換損失も考慮する必要がある。そう考えると、狭い地域での貯蔵や消費にこだわりすぎるとエネルギー効率が却って悪化する可能性がかなり高くなることがわかる。近年では太陽光パネルのデバイスコストも急激に下がっているため、**グリッドパリティ**（電力系統（＝グリッド）から購入する電力価格よりも自家消費した方が安くなること）が叫ばれているが、これも住宅側で発電した電力を全て蓄電して自家消費するためには、相当の容量のエネルギー貯蔵装置（大抵は蓄電池）が必要とな

り、結果的に高コストになる可能性がある。託送料金（ネットワークコスト）を支払ったとしても、需給管理や在庫調整を電力システムに任せた方が結果的に安上がりになる可能性も高い。

　もちろん、ここで誤解のないように追加説明すると、蓄電池の導入そのものが悪いわけではない。蓄電池というエネルギー貯蔵デバイスの技術的利点を活かした**戦略的投入**は歓迎すべきである。

　例えば、ドイツのSonnen社（2019年2月よりシェルの傘下）は太陽光発電システムに小容量の蓄電池を併設したシステムを一般家庭用としていち早く開発・販売した会社であるが[5]、同社が開発したシステムは一軒一軒の家庭ではなくドイツ全土にまたがる広域の地域に分散する数万台の家庭用太陽光＋蓄電池システムをバーチャルパワープラント（VPP）として制御し、集中型電源と同等の調整力（柔軟性）を市場ベースで活用することを目的としたシステムである。

　また、南オーストラリアでは電気自動車で有名なテスラ社が現時点で世界最大の100MW/129MWh大容量蓄電池システムを導入したのは記憶に新しい[6]。しかしこのプロジェクトは、揚水発電を含む水力発電がほぼゼロで、風力発電の導入率が39%（2017〜2018年発電電力量ベース[7]）にも達し、他地域とも直流連系線でしかつながれていない孤立系統という南オーストラリア固有の環境でこそ有利になる蓄電池プロジェクトであることを留意しなければならない。しかも2017年9月のブラックアウト後、孤立系統での慣性不足への懸念の喫緊の対応の必要性から**最も短期間に建設ができる電力設備**という点で蓄電池が選ばれたという特殊事情も無視することはできない。

　したがって、上記に示したドイツや南オーストラリアの蓄電池導入の事例は、日本で安易に考えられている「蓄電池で地産地消」「再エネは不安定だから蓄電池」という文脈ではなく、あくまで他の方法と比べ技術的・経済的に優位性があるかどうかが考慮されているということに留意が必要である。

　蓄電池さえあれば家庭または地域で鎖国や籠城ができるという魅力についつい駆られるかもしれないが、「他のより安い手段はないか？」とい

第3章　グッドな地産地消とバッドな地産地消　47

う発想を忘れ安易に蓄電池ありきで導入を進めれば、その籠城のコスト
は高くつき、家計や地域経済にマイナスの効果をもたらす可能性さえあ
ることも、怜悧に頭の片隅に置かなければならない。

3-2-3　形ばかりの防災名目になっていないだろうか？

　前項で、現状では蓄電池がどんなに安くなっても、新規設備を導入す
る限り、既存設備の有効利用より高くつく、ということを提示した。一
方、エネルギーの地産地消の枕詞としてにわかに注目されるキイワード
が「防災」である。特に2018年は台風や集中豪雨、さらには地震などの
自然災害やそれに伴うブラックアウト・長期停電が各地で相次ぎ、防災
に対する意識は日本全体で急速に高まっている。事実、いくつかの自治
体の中には、定置型大容量蓄電池を防災のために導入しよう考えている
ところもある。

　しかし、これは本当に合理的なことだろうか？　筆者は、地方自治体の
委員会やヒアリングなどで多くの方に次のような質問を投げかけている。
「その定置型大容量蓄電池で、大災害の時にいったい何人の市民をどのよ
うに何日養うのでしょうか？」と。

　市役所などの防災拠点の照明や通信システムを維持したいだけであれ
ば、消費電力は小さいため、大容量の蓄電池はそもそも不要である。逆
に極寒の中、何百人の人が数日間暖をとったり煮炊きをするためのエネ
ルギーを蓄電池からの電力に求めた場合、その容量はどれほどになるだ
ろうか？　また何十年に一度の災害のためだけに蓄電池を長期間配備して
おくとして、肝心の際に劣化や故障をせず確実に動作してくれるだろう
か？・・・などを考えた場合、大量の避難者を数日間養うためには、無
理に電気エネルギーに頼るより（しかもエネルギー密度の希薄な再エネ
でなく）、避難所となる庁舎や体育館の断熱性能を上げたり、ガスや熱供
給、さらには万一の場合の少量の化石燃料の備蓄など別のエネルギー形
態の利用も検討する方が合理的で優先順位が高いことがわかる。また、
灯油や木質ペレットで暖を取るにしても、コンセントからの電気がなけ

48

れば動かない暖房器も多いので、これらを改善するための機器開発や普及政策の促進、教育啓発が急務であると言える。

「防災」という発想自体は重要であり決して軽視すべきではないものの、何をどれだけどうやってという定量的なコストや便益の試算がないまま、いわば市民の命をダシに使って経済効率性の乏しい新規設備を導入しようとするのであれば（さらにそれを補助金などで支援するのであれば）、それは地域経済、特に将来の地域住民に対して負の便益を与える可能性すらある。冷静な確率論的リスク分析と対策の定量的検討が必要である。

もちろん、上記の批判はあくまで定置型大容量蓄電池を仮定した場合の話である。これが電気自動車の車載蓄電池に変わると、話は大きく違ってくる。なぜなら、電気自動車の蓄電池のメインの仕事は運輸であり、地域電力網やマイクログリッドに対して行うエネルギー貯蔵や調整力の提供というサービスは、いわば副業だからである。すなわち、このサービスの限界コスト（追加的に必要なコスト）は限りなくゼロに近く、このような手段を用いると経済効率が向上する可能性があるからである。このような考え方は**セクターカップリング**（電気だけでなく運輸や熱など他のエネルギー利用形態との連携）のひとつではあるが、これも単にセクターカップリングだからなんでも良い（はず）といったどんぶり勘定の希望的観測ではなく、冷静な費用便益分析による定量化が必要である（費用便益分析については3-3-1項で詳述）。

3-2-4　市場取引を軽視していませんか？

3-2-1項で既存の流通設備（すなわち電力システム）を通じた取引について述べたが、現状の日本では、一個人や小さな自治体が巨大な電力システムや電力会社と「対等な取引」ができる仕組み（すなわち市場設計）が十分整っていないため、誰でも今すぐ明日から簡単に始められるわけではない。これまで電気の流れは、原発や火力など遠くの大規模電源から一方通行で送られてくるものであり、余ったからといって快く買い取っ

てくれる使い勝手の良いシステムは未だ確立されていない。そこが多くの自治体や市民の方々の不満に思っているところだということは、筆者も十分共感できる。しかし、その現状に不満があるからといって、それを打破するためにとるべき戦略は、鎖国や籠城ではない。門戸を閉ざすのではなく、「ちゃんとフェアに取引をしてくれ」と声を大にして言い続けることである。しかも、ただ不平不満やスローガンとして言い続けるだけでなく、それを実現するにはどのような深謀遠慮な戦略を取ればよいだろうか？

　そのソリューションのひとつが**市場取引**である。電気も、株や証券などと同様、取引所を通じた取引が可能で、日本でも日本卸電力取引所（JEPX）が既に存在している。ここで市場競争や市場メカニズムを引き合いに出すと、どうしても「弱肉強食」や「格差拡大」などを連想してしまう人も多いかもしれないが、それらは**市場が適切に設計されていない**ために起こる現象であり、むしろ理想的な市場とは程遠い状態である。適切に設計された市場では、ルール決定や運用に透明性が高く、誰もが参加でき対等に公平に取引が可能で、効率的（富や財の配分において無駄のないこと）である。このような経済学的に理想的な市場は今日までに地球上のどこでもほとんど実現できた試しはないが、だからといって経済学は役に立たないと極論に走るべきではない。市場が理想的な状態でないならば、なおさら市民がそれを監視して是正しなければならない。市場への監視に多くの国民が関心を持たないならば、市場はますます理想状態から遠のくであろう（選挙における投票率と似ているかもしれない）。

　一方、筆者が地方自治体や市民団体の方々と議論していると、残念ながらこの市場取引という重要な概念がほとんど意識されていないように見える。これは、多くの場合、地域エネルギー自治をビジネスとしてみておらず、ボランティアや補助金頼みの公共事業の延長としてついつい見てしまいがちだからではないか、と筆者は推測する。大抵の場合、如何にして「鎖国」をするかしか考えていなかったり、外部との取引があったとしても相対（あいたい）取引しか想定していないケースが多い。

　もちろん、相対取引もリスクヘッジという点では必要なカードの一枚

であるが、同様にリスクヘッジの観点からは市場取引（先物・先渡・スポットなどの組み合わせ）というカードも併用しないとリスクの分散にならない。何より、相対取引の価格は当該者間の秘匿情報であり、相対取引が多数を占め市場取引のシェアが低いと、市場価格がその商品の価値を表す適切な指標とはなり得ない。現在、卸電力取引所における商品（電力量）のシェアは、急速に増えつつあるとはいえ、日本全体の消費電力量の10%程度に過ぎない。一般に、規制部門が自由化され卸市場が徐々に成長していく過程で市場の成長を阻む要因としては、これまで規制部門であり圧倒的なシェアをもつ従来勢力の市場支配力の行使があげられるが、肝心の新規参入者（再エネ発電事業者、小売事業者、それらを束ねるアグリゲーター）側が市場取引に興味がなければ、一体誰が市場の健全な育成を監視するのだろうか？ 新規参入者自らが公平で透明な取引形態のチャンスを潰し、自分の首を自分で締めないよう、長期的な戦略に立って地方のエネルギー自治を考える必要がある。

　例えば、今年は**2019年問題**が盛んに論じられているが、この2019年問題は市場取引という観点からは問題ではなくチャンスとして捉えることもできる。2019年問題とは、2009年11月から始まった家庭用太陽光発電の全量買取制度（2012年から現在の固定価格買取制度（FIT）に移行）の10年間の買取期間が終了し、市場に直接販売となる太陽光発電が2019年11月より徐々に増えることが予想されるという問題である。

　太陽光パネルを所有するオーナーにとって、目先のことを考えれば、「今まで補助制度のおかげで高かった買取価格（42円/kWh）が、いきなり市場価格（平均で約7円/kWh程度）になる！ それだったら今まで売っていた余剰分を全て蓄電池に貯めれば、電力料金（約22円/kWh程度）を節約できる！」という考えになりがちであるが、蓄電池という新規デバイスを追加的に設置するコストと、電力システムという既存設備をそのまま使い続けて手数料（すなわち託送料金）を支払うのと、どちらが安いかを冷静に検証する必要がある。

　一方、太陽光オーナーが自ら電力市場で取引を行うことは、現実問題としてあまり想定できない。株や証券の場合でも個人が直接、市場取引

を行うケースは稀であり、その多くが証券会社や信託銀行などの代理人を利用するが、代理人は複数の顧客から預かった資産（アセット）を組み合わせ、さまざまな投資先にリスクヘッジしながら運用する。電力取引も同様で、**アグリゲーター**もしくは**需給管理責任会社（BRP）**と呼ばれる代行業者が小規模発電所や小規模小売会社を束ね、先物市場・先渡市場・前日市場・時間前市場・需給調整市場などさまざまな市場取引や直接相対契約を組み合わせてリスクヘッジを行う。欧州や北米など電力市場取引が進んだ地域では、金融資産の組み合わせと同様、発電所や電源種の組み合わせもポートフォリオと呼ばれている。

　本来、電力市場やそこに参加する市場プレーヤーから見れば、FITが終了して市場取引ができるようになった安価な再エネ電源が徐々に増えることは歓迎すべき現象であるが、日本では目下「問題」として扱われている背景には、このようなアグリゲーター業務が遂行できる実力を持つ市場プレーヤーが少ないということも原因の一端である。さらに、太陽光オーナーにとっては、「（FITなどの補助を得て）電力会社に高く買ってもらう」という従来の発想から、「（代行業者を通じて）安価な再エネ電源を電力市場に供給する」という新しい時代の発想を持つことが重要である。

3-3　グッドな地産地消のために

　前節では、バッドな地産地消の例と、なぜそのような状況が容易に発生するかについて論じてきた。本節では、グッドな地産地消に舵を切るためにどのような考慮をすればよいかについて述べることとする。グッドな地産地消になるための重要な要素として、ここでは、

　　　①費用便益分析
　　　②産業連関分析や地域経済付加価値分析
　　　③ゾーニング

といった科学的手法を紹介する。

3-3-1　費用便益分析

　費用便益分析（CBA: Cost-Benefit Analysis）とは、日本でも道路や橋を作る公共事業の分野で一般に用いられている手法である。公共事業は本来、国民や地域住民に社会的便益を生み出すものであるが、それはメリットや恩恵という抽象論でなく、可能な限り数値で示さなければならない。なんとなくのイメージや漠然とした不安で新規設備を投入するのではなく、必要な対策に対して投資が見合うか、事故や災害、停電のリスクを過小評価・過大評価していないかを数値で検証することが必要である。

　CBAについては、国土交通省から道路分野でその名も『費用便益分析マニュアル』が発行されている[8]。ある道路を建設するにあたっては、地域にもたらす社会的便益として、交通量の減少やそれに伴う化石燃料の削減、交通事故の減少などの定量分析を行わなければならず、それを貨幣価値に換算して必要なコストの比較を行わなければならない。かかった費用に対して期待される便益が大きい場合にのみ、そのプロジェクトの妥当性が得られることができる。

第3章　グッドな地産地消とバッドな地産地消　　53

電力やエネルギーの分野でも、環境問題など公共性が高まっているため、諸外国ではこのCBAが求められることが一般的である。しかしながら日本では、これまで電力事業は地域独占である民間会社が主体となって計画・運用されていたため、CBAの評価が外部公表されることはほとんどなく、電力分野におけるCBAの概念は希薄であると言わざるを得ない。

　ここで重要なのは、一般に再エネを導入することは外部コストの高い既存の火力発電を置き換えることで便益がえられ、送電線を増設・新設することは再エネの地域偏在による値差（各地域の市場価格差）の解消になるため便益が期待できるが、蓄電池の場合は既存のエネルギー貯蔵装置（揚水発電）や他の手段（送電線増強やデマンドレスポンスなど）があるため、蓄電池という技術ならではの便益が得難い構造があるという点である。

　例えば、蓄電池などの新規デバイスを投入しようとする場合、そのデバイスによって得られる便益は何か、そのための投資コストはいくらかを冷静に数字で試算しなければならない。再生可能エネルギーの変動を抑制するだけであれば、既存の電力システムにある様々な設備を市場取引を通じて活用した方がよほど安い場合もある。また、災害対策も発生確率や予想される被害を想定し、それに対する合理的な手段を考慮するのが本来のリスクマネジメントの発想である。3-2-2項でも例証した通り、「蓄電池で地産地消」「再エネは不安定だから蓄電池」という安易な文脈ではなく、あくまで他の方法と比べ技術的・経済的に優位性があるかどうかが考慮されているということに留意が必要である。逆に、せっかく蓄電池を投入するのであれば、市場取引を念頭に置かないと宝の持ち腐れになってしまい、無駄な投資や世界中で誰も見向きもしないガラパゴス技術の開発に終わってしまう可能性もあることも忘れてはならない。

3-3-2　産業連関分析や地域経済付加価値分析

　ある地域に大規模な再エネを導入する場合、地域主体の取り組みでは

なく、東京資本や外国資本が乗り込んでくるのではないか、エネルギー略奪型経済になってしまうかもしれない、という懸念もある。エネルギーの地産地消やエネルギー自治が鎖国志向になりがちなのも、このような懸念が先行するからではないかと筆者も推測している。しかし、上手に「地域でお金を回す」仕組みを作るには、やはり地域で小規模閉鎖経済システムを作るのではなく、外部と適切に取引をしながらトータルで「外貨を稼ぐ」仕組みづくりが必要である。

このような分析には、**産業連関分析**や**地域経済付加価値分析**などの手法がある。産業連関分析は1973年にノーベル経済学賞を受賞したレオンチェフが開発した経済分析手法であり、例えば卑近な例では「阪神が優勝したら経済効果は◯兆円」などといった地域経済効果の分析に用いられる手法である。

また、産業連関分析は通常、国や都道府県単位の比較的広域な統計データから分析を行うものであるが、より狭い地域や自治体の経済循環を調査分析する手法として、近年、地域経済付加価値分析の研究が盛んになりつつある[9]。単に地域主導対外部資本といった対立ではなく、例えば再エネ発電設備を作る際にローカルコンテンツ（地域産の材料や関連部品の生産設備）や建設時の地元雇用がどれくらいあるか、また20年程度の発電期間にメンテナンスや部品流通に関わる仕事がどれくらい地域に生まれるかをできるだけ定量化する手法であり、電力小売やエネルギーサービス会社を地域で設立する場合も同様である。このような科学的・客観的手法により、地域経済にどれだけの貢献があるか可視化が可能となり、地域エネルギー自治の合意形成に役立つものと期待されている。

3-3-3　ゾーニング

さらに、再エネ自体が騒音や景観、森林伐採や土壌流出などの形で、地域にマイナスの効果をもたらす可能性も予め冷静に推測しなければならない。これらのマイナス効果は負の**外部コスト**あるいは隠れたコストと言われるが、これらは予め地域で議論していればかなりの程度低減させ

ることができる。その手法の一つに**ゾーニング**と呼ばれる方法がある。

　ゾーニングは、元々建築や土木工学の分野で用いられている土地計画の一種で、法的根拠に基づいた都市計画などにおいてエリアを用途別に区画し、面的に規制していくことを指した用語である。再エネ（特に風力発電）に関しては、環境省から『ゾーニングマニュアル』が2018年3月に発行されている[10]。これによって、再エネが導入可能な地域を予め地方自治体主導でランク別に選定することにより環境問題や地域住民とのトラブルのリスクを低減させることが期待でき、大規模開発が寝耳に水で始まる前に地域住民や地場産業関係者が早い段階で合意形成に参加できるメリットがある。

3-4　おわりに

　本稿では、現在再生可能エネルギーや分散型電源の発展により盛んに提唱されている「エネルギーの地産地消」について、「バッドな地産地消」と「グッドな地産地消」に分けられることを問題提起し、バッドな地産地消の典型例とその原因、解決方法について紹介した。

　バッドな地産地消のパターンとして、(1)地産地消を鎖国と勘違い、(2)既存設備を有効利用せず高コストな新規設備を投入、(3)定量的リスク分析を行わない防災名目、(4)市場取引を無視または軽視、の4点をあげた。また、グッドな地産地消のために必要な方策として、①冷静な費用便益分析、②産業連関分析や地域経済付加価値分析、③ゾーニングといった科学的手法があることを紹介した。これらの科学的手法は、可能であれば地元の大学・高専などの専門研究機関と共同で行い、地域の人材を活用することが望ましい。エネルギー教育や職業訓練の設備を地域に作ることも考えられ、それには投資が必要であるが、長い目で見て人材育成こそ地域の将来に大きな便益をもたらすことになる。

　「地産地消」とは、経済活動の要である流通を否定することではなく、ましてや鎖国や籠城を意味するものでもない。できるだけ地元産がいいけれど、余ったらよそに売る、足りない物はよそから買う、というのが健全な商取引を通じた地産地消である。その取引は、電力市場を通じて行われることが望ましい。電力自由化が進む欧州では、筆者が視察や見学で地域の小規模な事業者を訪ねると、需給調整のコントロールルームや電力取引のためのトレーディングルームを持っており、博士号やMBAを持つ専門家も抱えているところも少なくない。彼らは、小さな地域でも首都から離れていても、謙遜や自己卑下することなくプライドを持ってビジネスを遂行しており、科学的・合理的手法で国や大企業と互角に戦っている。いやむしろ、規模が小さいからこそ、迅速にイノベーショ

ンを進めることができ、かつ透明で民主的な意思決定が可能という優位性すらあるとも言える。

　グッドな地産地消のためには、何かスペシャルな装置を買えば万事解決というものでもなく、コンサルに丸投げすれば無難に結果が出るというものでもない。地域で人を育て、世界レベルの最新情報をキャッチし、皆が積極的に合意形成に加わり、責任持って意思決定を行う必要がある。それが真の地域分散型エネルギー社会であり、エネルギーの地産地消であると言える。

参考文献

[1] 資源エネルギー庁: 発電事業者一覧（2019年2月28日時点） https://www.enecho.meti.go.jp/category/electricity_and_gas/electricity_measures/004/list/

[2] 資源エネルギー庁: 登録小売電気事業者一覧（2018年3月15日時点） https://www.enecho.meti.go.jp/category/electricity_and_gas/electric/summary/retailers_list/

[3] 安田陽:「エネルギーの地産地消」は本当によいことなのか?, 都市問題, Vol.108, No.11, pp.10-15 (2017, 11)

[4] 安田陽: 地方分散型エネルギーと地産地消, 日本経済新聞「やさしい経済学」コラム連載（2019年1月4日〜15日）

[5] 中山琢夫: 欧州に見るVPP事業の動向, 京都大学再生可能エネルギー経済学・太陽光発電協会共催シンポジウム資料（2019年3月20日） http://www.econ.kyoto-u.ac.jp/renewable_energy/wp-content/uploads/2019/03/2019kyosai-10.pdf

[6] エネルギー経済研究所新エネルギー・国際協力支援ユニット新エネルギーグループ:「豪州:再エネ＋エネ貯蔵の導入が拡大、蓄電池価格の低下も追い風」, IEEJ (2018.8) https://eneken.ieej.or.jp/data/7509.pdf

[7] Australian Energy Market Operator (AEMO): South Australian Electricity Report (2018.11) https://www.aemo.com.au/-/media/Files/Electricity/NEM/Planning_and_Forecasting/SA_Advisory/2018/2018-South-Australian-Electricity-Report.pdf

[8] 国土交通省: 費用便益分析マニュアル (2018) http://www.mlit.go.jp/road/ir/hyouka/plcy/kijun/ben-eki_h30_2.pdf

[9] 中山琢夫, ラウパッハ・スミヤヨーク, 諸富徹: 日本における再生可能エネルギーの地域付加価値創造: 日本版地域付加価値創造分析モデルの紹介、検証、その適用, サスティナビリティ研究, Vol.6, pp.101-105 (2016)

[10] 環境省: 風力発電に係る地方公共団体によるゾーニングマニュアル

（第1版），2018年3月 https://www.env.go.jp/press/files/jp/108681.pdf

第4章　風力発電が社会にもたらす便益

◎初出：風力エネルギー, Vol.44, No.1, pp.32-35 (2020)

　この解説論文は、日本風力エネルギー学会(JWEA)の学会誌『風力エネルギー』が2020年に「風力発電コストとその低減化」という特集を組んだ際に、執筆者の一人としてお声がけいただいたものです。コストについての特集の中で、筆者の論考だけ便益（ベネフィット）について論じました。このことは非常に重要です。日本では兎角、新規技術に関して「コストコストコスト…」ばかりが議論され、それが社会にもたらす便益についてほとんど言及がないということは、本稿でもお読みいただける通りです。その点で、コストの特集の中で便益について執筆の機会を与えていただいた同学会誌編集部の方々の英断に感謝します。

　この「便益」に関しては、その後2022年に電力広域的運営推進機関(OCCTO)から公表された送電網の将来計画（マスタープラン）の中で費用便益分析という形で登場し、日本でもようやく便益という言葉が政策決定の過程でも使われるようになってきました。しかし、肝心のメディアでは相変わらず再生可能エネルギーに関しては「コストコストコスト…」ばかりが目立ちます。再生可能エネルギーや気候変動対策が単に一過性のブームやファッションではないということを示すためにも、便益について言及することは重要です。便益に関しては拙著『世界の再生可能エネルギーと電力システム 経済・政策編』第1章も併せてお読み下さい。

4-1　はじめに

　「**便益benefit**」という言葉をご存知でしょうか？ --- このような質問を筆者は多くの講演や講義の際に参加者に投げかけている。

　興味深いことに回答はその時々の参加者集団によって大きく異なり、例えば工学部の学生向けの授業で聞くと「知らない」「聞いたことがない」という回答がほぼ100%であるのに対し、経済学部の講義で聞くと「知っている」「理解している」という回答がほぼ100%となる。この結果は当然で、後述するように「便益」は主に経済学で使われる用語であり、単純に授業で習ったかどうかで大きく分かれるからである。

　同様に、社会人向けの講演で聞くと、これまた興味深いことに、エンジニア系の講演では「知らない」という回答は圧倒的に多く、政府・自治体職員向けの研修などではほぼ全員が「知っている」と回答する。これも、普段仕事で使っているかどうかで傾向が決まる。

　ある分野ではその用語が常識であるのに対し、別の分野ではほとんどの人がその用語を「知らない」と答える状況は、ある分野での知見が他の分野で生かされているか？ という「専門知」の共有の問題であると筆者は見ている。

　筆者は20年以上風力発電に関する研究に携わっており、主に電力工学の観点から「何故日本では風力発電が進まないのか？」についてずっと考察を重ねてきたが、風力発電の導入が日本でなかなか進まない根本的理由は、単に技術や日本特有の自然環境の問題ではなく、風力発電に便益があるということ自体が知られていないからではないかという思いに至っている。日本に住み日本語で情報収集する多くの人にとって、便益という概念自体が知らされていないかもしれない、ということもできる。

　本稿では、「風力発電のコスト」に関する特集号の中で、この風力発電の便益について考察する。

4-2　便益とは何か？

　「便益」という言葉は、一般に日常用語やテレビなどではあまり登場しない。試しにこの言葉を辞書で引くと、

- 　都合がよく利益のあること。便利[1]。
- 　便利で有益なこと。都合のよいこと[2]。

という意味が出てくる。しかし、上記で経済学部の学生が「理解している」という経済学用語としての「便益」は、例えば以下のようになる。

- 　ある財の所与の個数に対して、各人が最大限支払ってもよいと考える金額を、便益benefitsと呼びます[3]。
- 　経済学では、（略）消費者が財・サービスの消費から得る満足度を便益という言葉で表し、その便益を生み出すために必要な対価を費用とよぶ[4]。
- 　一般に、財に対して人が払ってもよいと思う最大金額を「支払意思（WTP: willingness to pay）」という。厚生経済学では、この支払意思（WTP）を、財が人に与える経済福祉の貨幣表現と考え、これを「便益」と呼ぶ[5]。

　このように、「便益」と言う用語は、日常的にあまり使われないばかりでなく、一般の辞書に掲載されている意味も、経済学用語としての意味と大きな乖離があることがわかる。

　また、便益には**私的便益private benefit**と**社会的便益social benefit**があり、前者が個人や企業の利益を表すのに対し、後者はステークホルダー（例えば周辺住民、産業界、日本国民、地球市民全体など）にも

たらされるものである。ある商品や設備、技術が市場に投入される場合、それが特定の企業の私的便益となるだけでなく、社会的便益をもたらすかどうかが重要である。ある商品は、それを生産し供給することで社会に便益をもたらすが、同時に生産設備の建設や運転、撤去の際に「隠れたコスト」がないかどうかも考えなければならない。

例えば本来、生産時に発生する汚染物質処理装置や事故防止対策を施さなければならないところを、それを省略して不当に安い価格で市場に提供した場合、どうなるだろうか。短期的には消費者も満足するかもしれないが、汚染物質処理装置や事故防止対策を省略した結果、周辺住民や将来の市民の生命や健康を損ねた場合、誰がその費用を払うべきだろうか？

このように市場取引の「外」にはじき出されてしまう「隠れたコスト」のことを（負の）**外部費用**（negative）**external cost** と呼ぶ。

このような外部性が発生すると、市場が完全競争環境にならず**市場の失敗 market failure** の一因となる。故に、いわゆる資本主義諸国でも、完全に市場に委ねる**市場経済 market economy** ではなく、政府がある基準で市場に介入する**混合経済 mixed economy** の政策がほとんどの国で取られている。外部費用を解消し市場を健全化するためには**内部化 internalisation** が必要であり、例えば環境税や排出規制、環境補助金はこの内部化の政策の手段として位置付けられている。

4-3　再生可能エネルギーの便益

　発電所は、電力を生産し供給することで社会に便益をもたらすが、同時に発電所の建設や運転、撤去の際に外部費用がないかどうかも考えなければならない。

　例えば図4-1は気候変動に関する政府間パネルIPCC: Intergovernmental Panel on Climate Changeがレビュー（文献調査）したさまざまな電源の外部費用である[6]。従来型電源のうち、特に石炭火力発電は大きな負の外部費用があることがレビューされた多くの科学論文から明らかになっている。従来型電源による外部費用は気候変動だけでなく、大気汚染による健康被害もある。また、再生可能エネルギーの中でも特に風力発電は外部費用が極めて低く、石炭火力のそれに対して2桁程度小さいことが明らかになっている（但し、ゼロではなく、この外部費用を如何に低減するかが更なる課題であるといえる）。

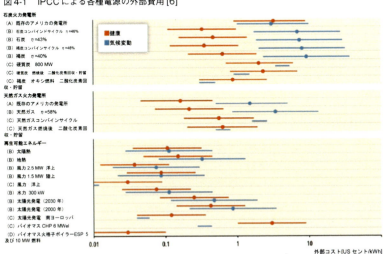

図4-1　IPCCによる各種電源の外部費用[6]

外部費用の大きな既存電源を再生可能エネルギーのような外部費用の小さい電源に置き換えることを促進する政策も内部化の一種であり、**固定価格買取制度FIT: Feed-in Tariff**や**フィード・イン・プレミアムFIP: Feed-in Premium**といった支援制度も負の外部費用で歪んだ市場を内部化するための手段の一つである。

日本では「FITのせいで市場が歪められている」という誤解が多いが、実は経済学的には、従来型電源の高い外部費用によって市場は既に歪められており、それを是正するための手段として現在FITが取られている、ということを、再生可能エネルギーのみならずエネルギー問題全般に関わる関係者は理解しなければならないだろう（FITの基礎理論に関しては、文献[7]を参照のこと）。

すなわち、再生可能エネルギーの便益は、第一に（従来型電源と同じように）電力を供給する点にあるが、第二に再生可能エネルギーによる発電電力量(kWh)を増やすことによって、その分、外部費用の高い従来型電源からのkWhを減らせることも大きな便益となる。

再生可能エネルギー（風力発電だけでなく太陽光やバイオマス等も含む）の世界規模の便益は、例えば国際再生可能エネルギー機関IRENA: International RENewable energy Agencyによって図4-2のように試算されている[8]。図の通り、パリ協定（2℃目標）を遵守するためには再生可能エネルギーに対して全世界で年間2,900億ドルの費用（コスト）が必要だが、将来予想される大気汚染による健康被害や二酸化炭素排出増加災害発生を緩和することができ、その便益は年間1.2〜4.2兆ドルにも上ることが予想されている。つまり、再生可能エネルギーを導入するための費用は無駄な捨て金ではなく、その投資を惜しむとその数〜十数倍の損失が発生する可能性があることを意味している。

また、日本も早い段階から再生可能エネルギーの便益について議論を進めており、例えば環境省では原発事故（2011年）前から再生可能エネルギーの便益を試算しており[9]、その試算も年を追うごとに徐々に精緻化されつつある。表4-1に、2015年時点での試算の例を示す[10]。

しかしながら、日本では便益という言葉自体が一般に浸透していない

図 4-2　IRENAによる再生可能エネルギーの便益の試算（文献 [8] のデータより筆者作成）

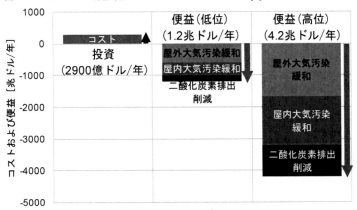

表 4-1　再生可能エネルギーの便益の試算（文献 [10] の情報より筆者まとめ）

項目		効果（低位～高位）	概要
設備投資設置工事	雇用創出効果	12.8 ～ 25.6 万人	2012～2030年平均 第2次間接波及効果まで
	経済波及効果	1.6 ～ 3.3 兆円/年	
維持管理段階	雇用創出効果	10.3 ～ 14.6 万人	2030年時点
	経済波及効果	4.5 ～ 6.3 兆円	
資金流出抑制効果		15.1 ～ 29.3 兆円	2010年～2030年の累積
温室効果ガス削減効果		1.9 ～ 3.1 兆円	2010年～2030年の累積
エネルギー自給率		13.9 ～ 20.8 ％	2030年時点

せいか、再生可能エネルギーの便益について多くの人に十分に周知されているかは甚だ疑問であると言わざるを得ない。文献[11]では、内外の新聞やSNSなどのメディアで再生可能エネルギーの便益に関する用語出現頻度を調査し、国内のメディアが海外のメディアに対して再生可能エネルギーの便益についてほとんど述べていないことが明らかにされている。

図4-3は「再生可能エネルギー」が含まれる内外の各種メディアの中で「便益」という用語が出現する頻度を比較した図である。図から一瞥してわかる通り、日本のメディアは海外（英語圏）のメディアに比べ総じて出現頻度が低く、特に新聞・テレビ・SNSではほぼ0％という結果となっている。なお、図の日本の「学術誌」の中で出現率が例外的に高いのは環境系の学会であり、工学系の学会は押し並べて低い結果となっている（日本風力エネルギー学会は2010～2018年で4.4％）。

図4-3 「再生可能エネルギー」が含まれる内外の各種メディア文書の中で「便益」が出現する頻度 [11]

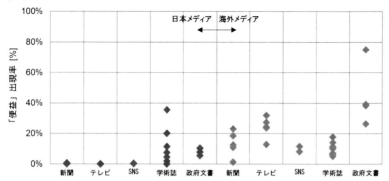

このことは、再生可能エネルギーの便益が多くの人々に(一般の人々だけでなくジャーナリストや政策決定者、研究者・実務者にさえも)十分知らされておらず、本稿のこれまでの議論で紹介したような再生可能エネルギー導入の意義が日本全体で十分理解されていない可能性があることを示唆している。

4-4　費用便益分析の重要性

　このように、ある商品を購入したり、ある政策を導入する場合には費用（コスト）だけに着目するだけでは視野狭窄に陥ってしまいがちであるため、そこから得られる便益（ベネフィット）も勘案し、費用と便益を比較する必要がある。このような手法は**費用便益分析 CBA: Cost-Benefit Analysis** と呼ばれる。

　CBAの考え方は日本でも主に公共事業の分野で早くから進み（冒頭で述べた通り、政府・自治体職員が便益についてほぼ全員「知っている」と回答するのはこのためである）、例えば国土交通省からは道路建設にあたってのCBAのマニュアルも発行されている [12]。

　そもそも、費用便益分析は、単に技術的な定量計算に留まらず、多くの理論書で、

- ・ CBA（費用・便益分析）の広義の目的は、社会的意思決定を支援することである [13]。
- ・ 費用便益分析の目的は、政策の実施についての社会的な意思決定を支援し、社会に賦存する資源の効率的な配分を促進することである [14]。

などと紹介されており、本来、社会的意思決定の手段のうちのひとつとして捉えられている。

　欧州では、電力分野でもCBAの必要性は早い段階から提唱され、例えば2006年のEU決定『汎欧州エネルギーインフラガイドライン』[15] では、送電線やガスパイプラインなどのエネルギーインフラの決定にCBAを用いなければならないことが規定されている。

　また、欧州送電事業者ネットワーク ENTSO-E: European Network of

第4章　風力発電が社会にもたらす便益　｜　69

Transmission System Operators for Electricityが2年ごとに公表する系統開発10カ年計画TYNDP: Ten-Years Network Development PlanにおいてもCBAが定量的に評価され、最新版である2018年版[16]では2030年までに167路線もの送電線の増強・新設で便益が得られるものとして計画されている（ENTSO-EのTYNDPに関して日本語で読める文献としては文献[17],[18]を参照のこと）。

　日本でも近年になりようやく電力分野でのCBAの機運が高まり、例えば2019年8月に公開された経済産業省のレジリエンス小委員会の『中間整理』[19]では、

・　地域間連系線の増強判断に際しては、系統増強によって期待される効果（**便益：安定供給強化、広域的取引の拡大、再エネ導入への寄与**）と費用の定量評価を踏まえて行うことが適当である。具体的には、広域機関における地域間連系線の費用対便益評価において、連系線増強による**3Eの便益（安定供給強化、卸価格低下、CO_2削減）**を定量化し、便益が費用を上回った場合は、広域機関における計画策定プロセスの検討を開始することが適当である。

と明記された（太字部筆者）。更に、電力広域的運営推進機関でも、北本連系線の増強の検討にCBAが用いられるなど[20]、定量的な政策決定に向けた議論が進みつつある。

　CBAは、科学的政策決定論のより広い概念としての**規制影響分析RIA: Regulatory Impact Assessment**や**根拠に基づく政策決定EBPM: Evidence-Based Policy Making**の一手法（主要手法）として位置付けられる。RIAは米国では1981年の大統領令12991号[21]にまで遡ることができるが、日本でも2014年の閣議決定「規制改革・民間開放推進3か年計画」[22]でRIAが定められ、例えば経済産業省では「規制の事前評価・事後評価」[23]というウェブサイトが開設されている（但し、詳細な定量分析まで掲載された例は少なく、今後定量的なRIAが進むことを期待したい）。

経済産業省や環境省の再生可能エネルギーに関する政策文書を見ても、図4-4に見る通り「便益」について言及する文書は年々増加傾向にあり[11]、日本においても再生可能エネルギーに便益があることを前提とした議論が徐々に進んでいるとみることができる。

図4-4　各省庁の再生可能エネルギー関連文書における「便益」の出現頻度調査結果 [11]

4-5　まとめ

　本稿では、日本ではこれまであまり多く語られてこなかった風力発電
をはじめとする再生可能エネルギーの便益について概観した。便益とは
何か？ というそもそも論からスタートし、各種電源の外部費用や近年の
電力分野での費用便益分析（CBA）の動向を紹介した。日本では再生可
能エネルギーの議論の際、コスト論や「国民負担」ばかりが先行しがち
であるが、費用の議論をする前にまず便益について着目することが肝要
である。何故ならば、費用は便益を得るために必要な投資なのだから。

参考文献

[1] 新村出編: 広辞苑 第七版, 岩波書店 (2018)

[2] 松村明他: 大辞林 第三版, 三省堂 (2006)

[3] 八田達夫: ミクロ経済学I, 東洋経済新報社 (2008)

[4] 石橋春男他: よくわかる！ミクロ経済学入門, 慶應義塾大学出版会 (2014)

[5] 植田和弘他: 環境政策の経済学, 日本評論社 (1997)

[6] 気候変動に関する政府間パネル(IPCC)第3作業部会: 再生可能エネルギー源と気候変動緩和に関する特別報告書(2012) http://www.env.go.jp/earth/ipcc/special_reports/srren/index.html

[7] M. メンドーサ, D. ヤコブス, B. ソヴァクール: 再生可能エネルギーと固定価格買取制度 ～グリーン経済への架け橋, 京都大学学術出版会 (2019)

[8] IRENA: REmap: Roadmap for a Renewable Energy Future (2016)

[9] 環境省 低炭素社会づくりのためのエネルギーの低炭素化検討会: 低炭素社会づくりのためのエネルギーの低炭素化に向けた提言, 平成23年3月 (2011)

[10] 環境省: 平成26年度2050年再生可能エネルギー等分散型エネルギー普及可能性検証検討委託業務報告書 (2015)

[11] 安田陽: 再生可能エネルギーの便益が語られない日本 －メディア・政府文書・学術論文における「便益」の出現頻度調査－, 京都大学再生可能エネルギー経済学講座ディスカッションペーパー, No.1 (2019) http://www.econ.kyoto-u.ac.jp/renewable_energy/stage2/contents/dp001.html

[12] 国土交通省道路局: 費用便益分析マニュアル (2019)

[13] A. E. ボードマン他: 費用・便益分析 – 公共プロジェクトの評価手法の理論と実践, ピアソン (2004)

[14] T. F. ナス: 費用便益分析 – 理論と応用 , 勁草書房 (2007)

[15] Decision No. 1364/2006/EC of the European Parliament and of the Council of 6 September 2006

[16] ENTSO-E: TYNDP2018 Executive Report (2018)

[17] 岡田健司他:「欧州における発送電分離後の送電系統増強の仕組みとその課題」, 電力中央研究所報告 Y14019 (2015)

[18] 安田陽: 世界の再生可能エネルギーと電力システム [系統連系編], インプレス R&D (2019)

[19] 経済産業省 脱炭素化社会に向けた電力レジリエンス小委員会: 中間整理, 2019年8月20日, https://www.meti.go.jp/shingikai/enecho/denryoku_gas/datsu_tansoka/20190730_report.html

[20] 電力広域的運営推進機関: 北本の更なる増強等の検討, 電力レジリエンス等に関する小委員会第6回資料3, 2019年4月26日 (2019年5月10日一部修正) https://www.occto.or.jp/iinkai/kouikikeitouseibi/resilience/2018/files/resilience_06_03_01.pdf

[21] Executive Order 12291 – Federal regulation (1981)

[22] 日本政府: 閣議決定「規制改革・民間開放推進3か年計画」https://www8.cao.go.jp/kisei/siryo/040319/index.html

[23] 経済産業省: 規制の事前評価・事後評価 https://www.meti.go.jp/policy/policy_management/RIA/

第5章　脱炭素の国際動向

国際エネルギー機関報告書"Net Zero by 2050"で何が書かれているか？

◎初出：化学装置, 2022年1月号, pp.17-29 (2022)

　本章は、『化学装置』という化学系の専門誌からご依頼いただき2022年1月に同誌に寄稿したものです。その前年の2021年5月に国際エネルギー機関(IEA)から"Net Zero by 2050"という報告書が公表され、例えば日本経済新聞の一面トップで報道されるなど日本でも注目されました。2020年10月の菅前首相のカーボンニュートラル宣言と相まって、カーボンニュートラルが日本でも産業界を中心ににわかに活気付き、さまざまな分野の学協会が脱炭素に関して本気で情報収集を始めた時期でもあります。

　本稿では、日本でも報道されやや有名になったこのIEAの報告書について解説したものですが、同時に「日本では何故か報道されないもの」について多くの紙面を割いています。この「何故か報道されないもの」は本書編集時の2024年でも相変わらずで、日本は言語ギャップを巧妙に利用した霞のような「ふんわり情報統制」がかかっているかのようで、そのバイアスは改善されるどころかますます加速しているようです。

　普段、日本語のネットやメディアで収集している方々は、自身が得ている情報以外にも何か見落としていることがあるかもしれない、とアンテナを張って情報収集することが重要です。本稿がその情報収集の一助になれば幸いです。

5-1　はじめに

　2020年10月、当時の首相である菅義偉氏によって「2050年カーボンニュートラル宣言」[1]が宣言されて以来、日本においても脱炭素の議論が活発になりつつある。

　国際的にも脱炭素（decarbonisation）の議論が進んでおり、日本のカーボンニュートラル宣言に先立つこと6ヶ月前の2020年4月には国際再生可能エネルギー機関（IRENA）から"Global Renewables Outlook"という報告書が公表され[2]、そこで「ネットゼロ（実質排出量ゼロ)」のための試算やロードマップが提示されている。IRENAはその後、2020年9月に"Reaching Zero with Renewables"という速報的な報告書を[3]、翌2021年6月にもその詳細版にあたる"World Energy Transitions Outlook"という名の報告書を発刊している[4]。

　さらには、別の国際機関である国際エネルギ 機関（IEA）からも"Net Zero by 2050"という報告書が2021年5月に公表され[5]、複数の国際機関が競い合うようにして「2050年ネットゼロ」の議論を国際的に進めている。

　特にこの文献[5]は、日本でもその直後に主要メディアで比較的大きく取り上げられたということもあり[6]-[8]、「センセーショナル」「衝撃的」という表現で形容する評論も見られた[9],[10]。

　本論文では、この文献[5]のIEAの"Net Zero"報告書を中心に、国際機関などの国際的合意形成の場では何が議論されているか？について紹介する。また、日本で進むカーボンニュートラルの議論と国際議論との乖離と課題を指摘し、その解決に向けた示唆を行う。

5-2 日本でのカーボンニュートラルの議論

　IEAをはじめとする海外での議論を紹介する前に、日本におけるカーボンニュートラルの議論を概観したい。

　2020年10月28日、菅義偉内閣総理大臣（当時）の国会所信表明演説において「2050年までにカーボンニュートラルをめざす」[1] という文言が明記され、日本でもにわかにカーボンニュートラルの議論が活性化した。

　それを受けて政府内でも省庁の審議会等で議論が進み、2020年12月21日に経済産業省第35回基本政策分科会において「2050年には発電電力量の約5〜6割を再エネで賄うことを今後議論を深めて行くにあたっての参考値としてはどうか」[11] という事務局案が提案された。またその数日後に経済産業省から公表された『グリーン成長戦略』[12] でも2050年に「再エネ（50〜60％）」という数値が明記されている。図5-1に『グリーン成長戦略』で示された成長分野の概念図を示す。

図5-1　『グリーン成長戦略』に示された成長分野 [12]

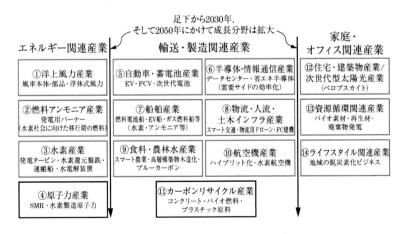

さらに、2021年1月28日に成立した令和2年度第3次補正予算[13]において2兆円の「グリーンイノベーション基金」[14]を国立研究開発法人新エネルギー・産業技術総合開発機構（NEDO）に造成することが決定され、2021年3月12日には同基金事業の基本方針が策定された[15]。また、経済産業省産業構造審議会にグリーンイノベーションプロジェクト部会が設置され[16]、同部会での議論ののち、同年4月9日には分野別資金配分方針が決定された[17]。この配分方針に掲げられた想定プロジェクトは表5-1に示す通り3つの分野に分類され全部で18件に上る（うち一件の名称は同年8月に変更[18]）。また、同年5月18日には同基金のうち国負担額上限3,700億円分の水素関連プロジェクトの公募が先行して開始された[19]。

表5-1　グリーンイノベーションプロジェクトの分野別資金配分方針 [18]

分野名	想定プロジェクト名
グリーン電力の普及促進分野（WG1）	①洋上風力発電の低コスト化 ②次世代型太陽電池の開発
エネルギー構造転換分野（WG2）	③大規模水素サプライチェーンの構築 ④再エネ等由来の電力を活用した水電解による水素製造 ⑤製鉄プロセスにおける水素活用 ⑥燃料アンモニアサプライチェーンの構築 ⑦CO_2等を用いたプラスチック原料製造技術開発 ⑧CO_2等を用いた燃料製造技術開発 ⑨CO_2を用いたコンクリート等製造技術開発 ⑩CO_2の分離・回収等技術開発 ⑪廃棄物処理のCO_2削減技術開発
産業構造転換分野（WG3）	⑫次世代蓄電池・次世代モータの開発 ⑬電動車等省エネ化のための車載コンピューティング・シミュレーション技術の開発 ⑭スマートモビリティ社会の構築 ⑮次世代デジタルインフラの構築 ⑯次世代航空機の開発 ⑰次世代船舶の開発 ⑱食料・農林水産業のCO_2削減・吸収技術の開発

2021年7月21日には『第6次エネルギー基本計画』（素案）[20]が発表され、そこには2030年度の電源構成に占める再生可能エネルギーの比率が36〜38%が明記され、パブリックコメントの後、大きな変更なく2021

年10月に閣議決定された（表5-2参照）[21],[22]。

表5-2 『第6次エネルギー基本計画』に示された2030年度の電源構成（ミックス）[22]

		(2019年 ⇒ 旧ミックス)		2030年度ミックス（野心的な見通し）	
省エネ		(1,655万kl ⇒ 5,030万kl)		**6,200万kl**	
最終エネルギー消費（省エネ前）		(35,000万kl ⇒ 37,700万kl)		35,000万kl	
電源構成 発電電力量：10,650億kWh ⇒ 約9,340億kWh程度	再エネ	(18% ⇒ 22~24%)	太陽光 6.7% ⇒ 7.0% 風力 0.7% ⇒ 1.7%	**36~38%**※ ※現在取り組んでいる再生可能エネルギーの研究開発の成果の活用・実装が進んだ場合には、38%以上の高みを目指す	
	水素・アンモニア	(0% ⇒ 0%)	地熱 0.3% ⇒ 1.0~1.1%	**1%**	（再エネの内訳）
	原子力	(6% ⇒ 20~22%)	水力 7.8% ⇒ 8.8~9.2%	**20~22%**	太陽光 14~16%
	LNG	(37% ⇒ 27%)	バイオマス 2.6% ⇒3.7~4.6%	**20%**	風力 5%
	石炭	(32% ⇒ 26%)		**19%**	地熱 1% 水力 11%
	石油等	(7% ⇒ 3%)		**2%**	バイオマス 5%
（ ＋ 非エネルギー起源ガス・吸収源 ）					
温室効果ガス削減割合		(14% ⇒ 26%)		**46%** 更に50%の高みを目指す	

　第6次エネルギー基本計画で提示された2030年の電源構成に際して特筆すべきは、この「36~38%」という再生可能エネルギー比率の数字だけではなく、「野心的な見通し」として「現在取り組んでいる再生可能エネルギーの研究開発の成果の活用・実装が進んだ場合には、38%以上の高みを目指す」と明記されていることである。また、温室効果ガス削減割合も2030年度には（2013年比で）46%と目標が設定され、「さらに50%の高みを目指す」とも明記されている[21],[22]。

　これらの数値が国際的にはどのような位置付けとなっているかについては、続く5-3節~5-4節で国際議論について概観したのち、5-5節で内外比較を行いながら解説する。

5-3 IEA "Net Zero" 報告書の概要

　従来のIEAの"World Energy Outlook"報告書[23]-[26]では、脱炭素を進める上で「標準政策シナリオ（STEPS）」や「持続発展シナリオ（SDS）」などが設定され試算されていた。2020年10月に公表された"World Energy Outlook 2000"[27]では、これに加えパリ協定で推奨された1.5℃目標を達成するためのシナリオとして「ネットゼロ排出シナリオ（NZE）」が新たに提案され、そのシナリオに基づく試算が一部行われていた。2021年5月に発表されたIEAの"Net Zero"報告書[5]では、2050年までの行程の詳細分析が公表された形となる。

5-3-1　2050年までの行程と再生可能エネルギー比率

　図5-2に"Net Zero"報告書に掲載された2050年までの工程表を示す。この図は報告書全体の要約に相当する情報を包含しており、日本のメディアにも多く引用された図である。図の中には例えば「2030年までに先進国で対策なしの石炭火力のフェーズアウト」「2035年までにガソリン車の販売を終了」「2040年までに電力部門のネットゼロを達成」などの具体的政策が提案されており、これらの政策提案・提言が多くの日本の産業界にとって「センセーショナル」「衝撃的」に受け止められたということは想像に難くない。

　なお、電力部門のみに着目すると、電源構成に占める再生可能エネルギーの比率は2030年に61%、2040年に84%、2050年には88%という見通しがIEAのネットゼロ排出シナリオで試算されている（図5-3参照）。

　この2050年に再生可能エネルギー比率88%という数値も日本では一部の間で「衝撃的」と受け止められたようであるが、実は図5-4に示すように過去のIEAの報告書をウォッチしていれば、IEAによる再生可能エネルギーの将来見通しは年々上方修正されている傾向にあることがわかる。

80

図5-2 2050年ネットゼロに向けた主要工程（文献[5]の図を筆者仮訳）

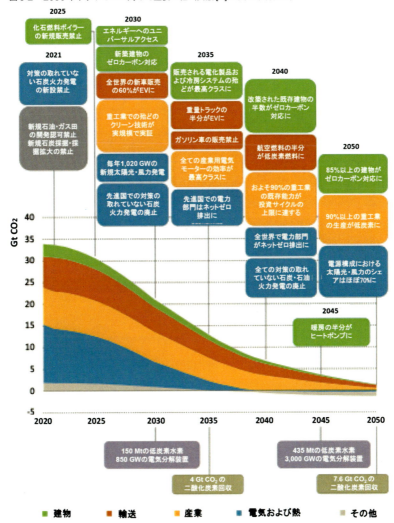

さらに一次エネルギー全体で見ると、図5-5に示す通り、IEAのネットゼロ排出シナリオにおける一次エネルギーに対する再生可能エネルギーの比率の見通しは、2050年に約7割を占め、最大のエネルギー源であることがわかる。

一方、再生可能エネルギー以外のエネルギー源である原子力や二酸化

図5-3 2030年、2040年、2050年の電源構成に占める再生可能エネルギーの比率（文献[5]のデータより筆者作成）

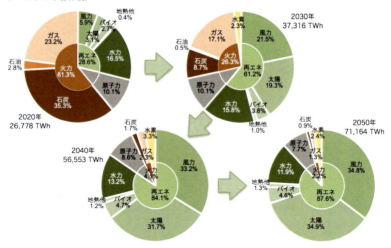

図5-4 IEAによる再生可能エネルギー導入率見通しの推移（文献[5],[23]-[28]のデータより筆者作成）

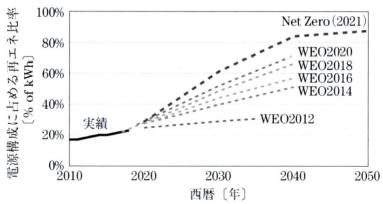

炭素再利用・貯留（CCUS）付き火力はそれぞれ1割程度であり、二次エネルギーとしての水素利用も同じく1割程度と見積もられており、これらの比率はあまり大きくないことがわかる。

5-3-2　CO_2削減の技術別貢献度

図5-6は同じくIEAの"Net Zero"報告書に掲載された2050年までに

図5-5 一次エネルギー供給および再生可能エネルギー、原子力、CCUS、水素エネルギーの見通しの推移(文献[5]のデータより筆者作成)

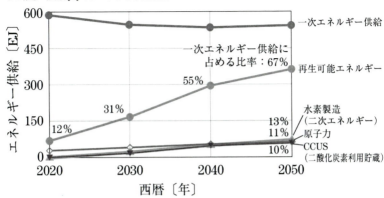

どの技術がCO_2削減に貢献するかを示すグラフであるが、風力および太陽光が突出してCO_2削減に貢献することが試算されており、次いで3番目に貢献するのは電気自動車であることがわかる。また、これら3つの技術は既に実用化され市場で競争力を持ちつつある技術として分類されている。

図5-6 2050年までの技術別CO_2削減量(文献[5]の図を筆者仮訳)

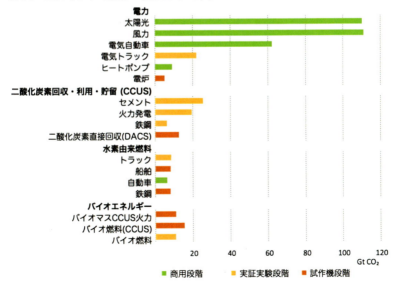

一方、水素やCCUSに関連する技術は、現時点でまだ試作機や実証機の段階であり、しかもCO_2削減効果もそれほど大きく見積もられていないことがわかる。

　また、図5-7は2050年までの技術別CO_2削減量を5年ごとに区切って推移を表した図である。図5-7を詳細に観察すると、各部門のエネルギー効率化（efficiency、日本で用いられる「省エネルギー」に相当する）や電気自動車を含む電化（electrification）もCO_2削減に大きく貢献していることがわかる。このことは図5-8でもよりわかりやすく視覚的に見て取ることができる。

図5-7　2050年までの技術別CO_2削減量の推移（文献[5]の図を筆者仮訳）

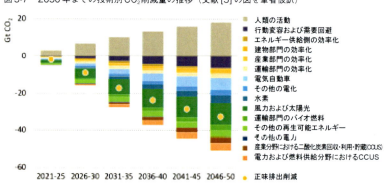

図5-8　2020年から2030年、および2030年から2050年にかけての技術別CO_2削減量（文献[5]の図を筆者仮訳）

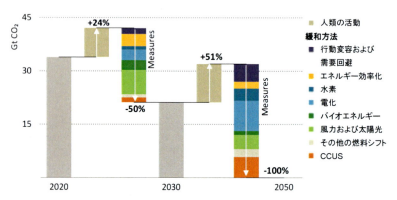

84

図5-8からは、水素やCCUSは2030年までには僅かな貢献しかしないが、2030年以降にその比率が大きくなると見通され、IEAのシナリオでは短期ではなく中長期に期待される技術として位置づけられていることが読み取れる。

5-3-3　電化とエネルギー効率化

図5-7や図5-8で登場した電化は、IEAのみならず、近年の国際議論の中で重要な位置付けを占めるキーワードである。これは従来の日本でみられた「オール電化」とは異なり、電力部門以外の他の部門（熱、産業、運輸）の電化を進めることにより再生可能エネルギーの比率を向上させる考え方である。

なぜなら、電力以外の部門は再生可能エネルギーの直接利用が難しく、その反面、風力や太陽光によって再生可能エネルギーの利用が容易な電力部門の脱炭素が必然的に先行するからである。電力以外の部門は、電化を促進させることによって間接的に再生可能エネルギーの導入が進むことになる。それゆえ、図5-7で示された通り、電気自動車が結果的にCO_2削減に大きく貢献することが理解できる。

図5-9に2050年までの各部門の再生可能エネルギーおよび低炭素技術の比率の見通しを示す。図から視覚的に容易にわかる通り、再生可能エネルギーの導入は2020〜2030年代に主に電力部門で先行して進み、2030〜2040年代に他の部門にも追従する形で再生可能エネルギーが直接および間接利用の形で導入が進む見通しが描かれている。

同様に、図5-10は軽工業における熱需要の技術別シェアの推移を示したグラフであるが、ここでも2050年までに低中温熱需要は電気ヒーターやヒートポンプが、高温熱需要は電気ヒーターと水素技術が支配的になるという見通しが立てられている。

同じく図5-11は、建築物部門（家庭・オフィスビルなどを含む）の最終エネルギー利用の技術別シェアの推移を示したグラフである。ここでも、2050年までにエネルギー効率化で総エネルギー消費量を削減しなが

第5章　脱炭素の国際動向　85

図5-9 2050年までの各部門の再生可能エネルギーおよび低炭素技術の比率の推移見通し（文献[5]の図を筆者仮訳）

図5-10 2050年までの軽工業の熱需要の技術別シェアの推移見通し（文献[5]の図を筆者仮訳）

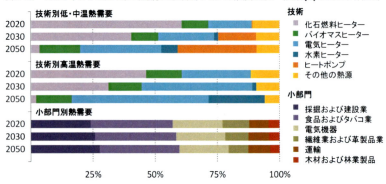

ら、化石燃料のシェアが劇的に低下し、電気（うち88%が再生可能エネルギー由来）と再エネ熱のシェアが拡大する見通しとなっている。

なお、伝統的バイオマス（traditional use of biomass）は、広義の意味では再生可能エネルギーに分類され発展途上国で今尚多く利用されてい

図5-11 2050年までの建築物における最終エネルギー利用の技術別シェアの推移見通し（文献[5]の図を筆者仮訳）

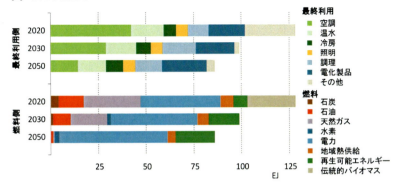

るものの、煤や煤煙が人々の健康に大きな悪影響をおよぼすため、この利用は早期に抑制する必要があり、IEAの試算でも2030年までに全廃を目指すことが謳われている。

5-3-4　投資と雇用

　IEAの"Net Zero"報告書では、技術的な見通しだけでなく、投資や雇用についても試算を行っている。図5-12はパリ協定の1.5℃目標を遵守するために2050年までの各年代でどれくらいの投資が必要かを示すグラフである。図から、各年代を通してもっとも投資額が多いのは再生可能エネルギーであり、ついで電力系統のインフラに投資が集中することがわかる。またエネルギー効率化および電化も前二者に次いで大きいことが見て取れる。

　さらに、IEAの"Net Zero"報告書では脱炭素政策による雇用への影響も試算されている。図5-13に示す通り、従来の標準政策シナリオ（STEPS）に比べ、ネットゼロ排出シナリオ（NZE）の政策を取った方が雇用が増える結果となり、特に電気自動車、発電（その多くが再生可能エネルギー）、エネルギー効率化、電力系統の各分野で雇用が純増する見通しが立てられている。

図 5-12　2050 年までの各部門に必要な投資（文献 [5] の図を筆者仮訳）（注：図は 2021 年当時に公開されていた版に基づく。本書執筆時点（2024 年 7 月）で公開されている版 (ver.4) とは若干異なることに注意）

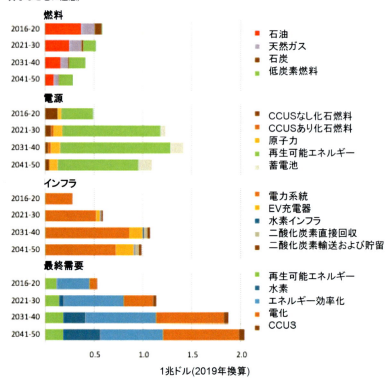

図 5-13　ネットゼロ排出シナリオによって見込まれる雇用（文献 [5] の図を筆者仮訳）

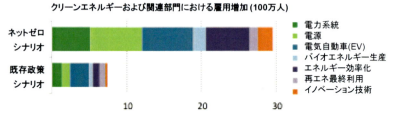

5-4 他の国際機関による脱炭素に関する議論

IEAの"Net Zero"報告書はそれ自体単独で突出した見解を述べているわけではないし、国際的にもIEAだけが独自の特殊な意見を述べているわけではない。本節では、IEAの"Net Zero"報告書の傍証として、IEAとは異なる国際機関の報告書を引用しながら、国際議論における脱炭素の論調を俯瞰する。

5-4-1 IRENAのゼロカーボン報告書

IEA以外で2050年ネットゼロへの道筋を示した報告書としては、5-1節で短く紹介した通り、国際再生可能エネルギー機関（IRENA）の一連の報告書が挙げられる [2]-[4]。

図5-14に文献[2]で試算された2050年ネットゼロに向けたシナリオおよび技術別CO_2削減効果のグラフを示す。IRENAの試算によると、2050年にゼロカーボン（ネットゼロではなく実質ゼロ）を目指す「脱炭素深化見通し（DDP）」の場合、現在排出されている46.5GtのCO_2を削減するための技術として、再生可能エネルギーが43%、エネルギー効率化が26%、再生可能エネルギー電力による電気自動車（EV）が12%、グリーン水素（再生可能エネルギー電力によって製造された水素）が9%と見積もられ、再生可能エネルギーとエネルギー効率化だけで90%のCO_2削減が可能であるという見通しを立てている。

また、従来型のエネルギー源や電源は気候変動だけでなく大気汚染による健康被害なども引き起こすため、大きな負の外部性（外部不経済）があり、それを是正（内部化）することが急務である。脱炭素技術はコストがかかるものの便益を生み出すことにもなる。図5-15に示す通りIRENAの試算によると外部性削減による節約（便益）は投資したコストの1.5〜5

第5章 脱炭素の国際動向 | 89

図 5-14　IRENA による 2050 年ネットゼロに向けたシナリオおよび技術別 CO_2 削減効果 [2]

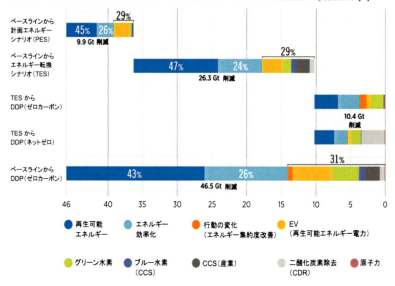

図 5-15　IRENA による脱炭素のコストと便益の見通し [2]

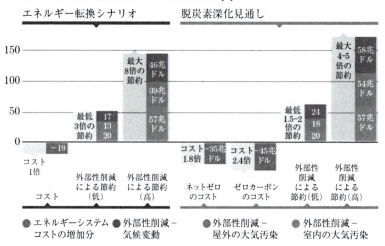

　このように脱炭素を進めるにはコストもかかるが、一方でそれを上回る便益をもたらすため、便益を試算することは重要である。逆に言うと、なんのために気候変動緩和や脱炭素を進めるのかという根源的理由は、

従来型のエネルギー源が発生する大きな外部不経済を内部化することによって便益を得るためである。

IRENAは便益も考慮した脱炭素のための各種技術のコストも試算しており、図5-16に示す通りエネルギー効率化や再生可能エネルギーの多くの技術は負のコスト、すなわち純便益が正の値を取っており、かけたコストよりも便益が大きいことが明らかにされている。

図5-16　IRENAによる各脱炭素技術のコストと便益の見通し[2]

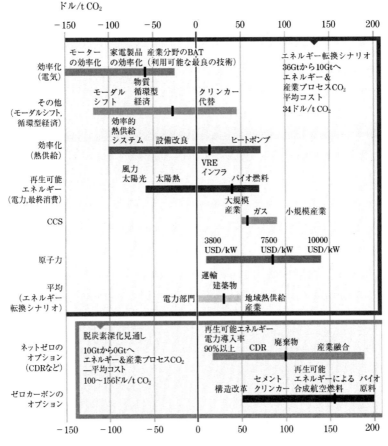

図5-17はIRENAによって2021年6月に公開された文献[4]で見積もられた2050年の総最終エネルギー消費の内訳（および2018年との比較）を

示す図である。2050年までに全世界の人口は増加し、発展途上国を中心に経済も大きく成長することが見込まれるが、エネルギー効率化を進めることにより総最終エネルギーは現時点よりも低く抑えられることが見積もられ、経済成長とエネルギー消費のデカップリング（分離）が見られている。また、2050年には再生可能エネルギー電気（図中オレンジ部分面積）が大きく増え、再生可能エネルギー由来水素（図中黄緑色）や再生可能エネルギーを直接利用した熱供給（図中赤色）の比率も大きく向上していることがわかる。このことは、5-3-3項で紹介した電化やエネルギー効率化の考え方がここでも大きく反映されていることを示している。

図5-17　IRENAによる2050年の最終エネルギー消費の見通し[4]

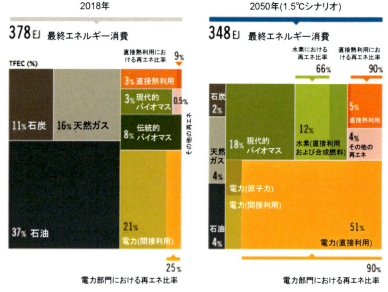

　図5-18はIRENAの文献[4]で示された現在（2018年）および2050年の電源構成の見積もりを示したグラフであり、再生可能エネルギーが90%（うち、風力・太陽光を合わせた変動性再生可能エネルギー（VRE）だけで63%）を占めるという試算が行われている。このように、図5-4のIEAの"Net Zero"報告書とほぼ同じような結果を異なる国際機関であるIRENAも算出しているということは興味深い。

図5-18　IRENAによる2050年の電源構成の見通し[4]

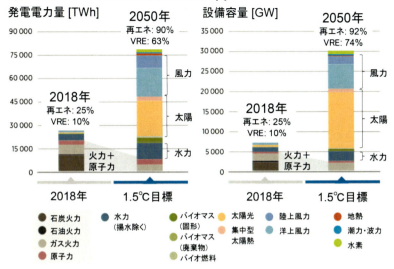

再び文献[2]に戻り、投資と雇用に関するIRENAの分析を見ていると、図5-19および図5-20のようになる。

図5-19　IRENAによる2050年までの投資の見通し[4]

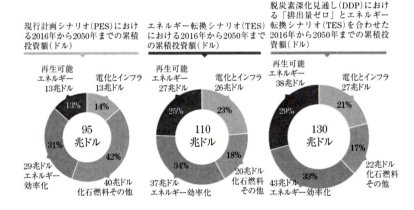

図5-19はIRENAが示した3つのシナリオによる2050年までの投資の見積もりを表したグラフであり、現行計画シナリオ（PES）に比べネットゼロを目指す脱炭素深化見通し（DDP）ではエネルギー効率化が29兆

図5-20　IRENAによる2050年の雇用の見通し[4]

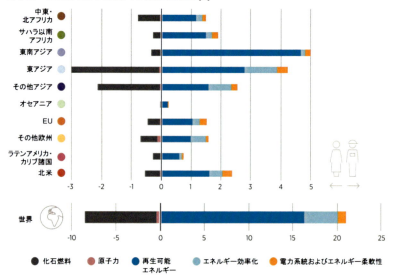

ドルから43兆ドルへ、再生可能エネルギーが13兆ドルから38兆ドルへと投資が倍増し、更に電化と電力インフラにも13兆ドルから27兆ドルへと累積投資額が大きくなることが見積もられている。これは図5-13で紹介したIEAの"Net Zero"報告書とほぼ似たような傾向を見せていると言える。

同様に雇用についても、現行計画シナリオ（PES）からエネルギー転換シナリオ（TES）との比較をとった図5-20のグラフでは、どの地域も化石燃料や原子力の分野で雇用減が発生するが、それを上回る雇用が再生可能エネルギーやエネルギー効率化、電力系統の分野で生まれ、雇用が純増する試算結果となっている。これも図5-14で見たIEAの見通しと符合する。

このように、異なる国際機関が異なるモデル分析を用いて試算したとしても、パリ協定に定められた1.5℃目標を達成するために2050年までに行う脱炭素の行程がほぼ同じ結果になっていることは大変興味深い。独立した2つの国際機関が上記のように互いに競い合うようにして相次いでネットゼロの報告書を2020年から2021年にかけて公表したという事

実は、国際議論がネットゼロに向けて成熟し合意形成に向かいつつあることを示唆していると言えよう。

5-4-2　IPCCのWG1 AR6 SPM

IEAやIRENAの報告書はパリ協定で定められた1.5℃目標を遵守することを想定したシナリオを設定しているが、この1.5℃目標の科学的根拠は気候変動に関する政府間パネル（IPCC）のこれまでの一連の報告書に基づいており、2021年8月9日にはIPCCの第1作業部会（WG1）から第6次統合報告書（AR6）の政策決定者向け要約（SPM）が公開された[29]。

このSPMは、日本では「気候変動の原因は人為的な影響であることは疑いがない」という論調ばかりが報道されたが、IEAやIRENAに大きく影響をおよぼした点は追加的に排出が許容できるCO_2排出量（カーボンバジェット）の推計にある。

図5-21はSPMに掲載された2020年以降のCO_2排出量と平均気温上昇の予測の相関図であるが、平均気温の上昇を1.5℃以内に収めるとするならば900Gtしか残されておらず（図中、SSP1-1.9シナリオ）、十分な対策がなければ2030年までにそのバジェットを使い切ってしまうことを意味している。

したがって、このカーボンバジェットの考えに立つと、水素やCCUSなどといった現在試作・実証段階にある技術の成熟・コストダウンを待っていては間に合わず、2030年までの10年間が「決定的な10年間（decisive decade）」であると言われている。5-3-2項の図5-6～図5-8で見た通り、現在既に商用化されている脱炭素技術である風力・太陽光、電気自動車に優先的に投資を行い導入を加速することが合理的である理由が、ここから理解できる。

第5章　脱炭素の国際動向　｜　95

図5-21　IPCCによるCO$_2$排出量および平均気温の増加のシナリオとカーボンバジェット（文献[29]の図を筆者仮訳）

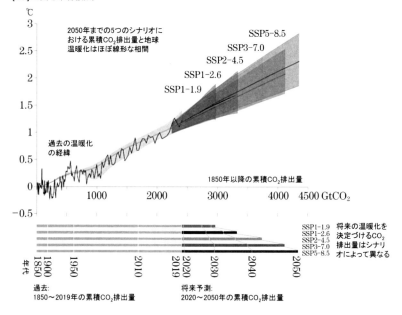

5-5 VRE大量導入に関する国際議論

　図5-4や図5-18に示すように、再生可能エネルギーが90%程度にも達し、そのうち風力・太陽光といったVREが60%以上にも上るVRE超大量導入時代には電力系統の運用はどのようになるだろうか。

　本節では、ネットゼロやゼロカーボンを達成するための最有力技術としてのVREを大量導入するための諸技術・制度についての国際議論を概観する。

5-5-1 IEAおよびIRENAにおける柔軟性の議論

　このようなチャレンジングな課題に対するソリューションとして、IEAは早い段階からGIVAR（変動性再生可能エネルギー系統連系）プロジェクトを立ち上げ、既に2011年の段階で報告書を公表している[30]。そのソリューションの重要な要素技術および概念として「柔軟性（flexibility）」が挙げられる。

　柔軟性は、日本で用いられている調整力や予備力の上位概念にあたる新しい用語であり、図5-22に示すように、①ディスパッチ可能（制御可能）な電源、②エネルギー貯蔵、③連系線、④デマンドサイド、が柔軟性供給源として挙げられる。

　柔軟性は多種多様な系統構成要素から供給でき、火力発電だけでなく水力やバイオコジェネからも大きな柔軟性を得ることができる。エネルギー貯蔵も蓄電池や水素だけでなく熱貯蔵（温水貯蔵）や揚水発電など既存の技術が確立された低コストの設備を用いることができる。さらに連系線は発電設備ではないが、隣接エリアと連系することにより他エリアの柔軟性供給源を広域で管理することができ、大きな柔軟性を供給するものと見なすことができる。このような多種多様な柔軟性供給源を既存のものからコストが安い順に使っていくのが柔軟性のコンセプトとも

第5章　脱炭素の国際動向　｜　97

図5-22 IEAによる柔軟性の概念図（文献[30]の図を筆者翻訳）

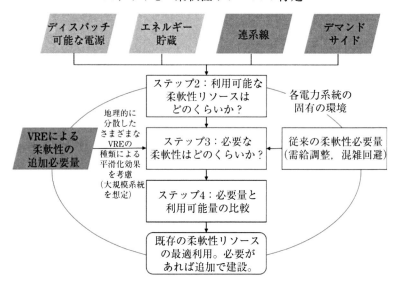

言える。

また、図5-23はIEAの下部組織である風力技術協力プログラム（TCP）の中で系統連系に関する議論を行う第25部会（Task 25）が作成した柔軟性の選択肢の優先順位を示す概念図である[31]。風力・太陽光の導入率が低い段階から高い段階に推移するに従って、低コストで実装が早い柔軟性供給要素から導入していくことが望ましく、また単に要素技術の追加だけでなく系統運用や市場設計などの制度面の改革も必要であることがこの図から示唆される。

5-5-2　電化とセクターカップリングに関する議論

5-3-3項で登場した「電化」は、後述する「セクターカップリング」という用語とともに現在国際的に盛んに議論が進む用語および概念の一つである。5-3-3項でも述べた通り、再生可能エネルギーを直接利用しづらい熱や運輸の部門は、電化をすることにより再生可能エネルギーの利用を進めることができる。図5-24に示す通り、電化は直接的電化（すなわ

図5-23 IEA Wind Task 25による系統柔軟性の向上の方法論 [31]

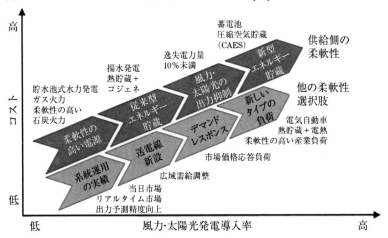

ち電力の利用）と間接的電化（合成燃料など）があり、前者はヒートポンプや電気自動車、後者は再生可能エネルギー電力による水素合成やメタネーションなどが挙げられる。

図5-24 電化とセクターカップリング [32]

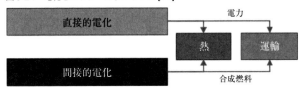

このように電化を通じた電力部門（セクター）と他の部門（熱部門や運輸部門）とのエネルギーの融通は「セクターカップリング」や「エネルギーシステム統合」とも呼ばれる。

セクターカップリングは、欧州委員会では「よりコスト効率の高い方法で脱炭素化を達成するために、エネルギーシステムによって大きな柔軟性を提供するための戦略」、「複数の方法及び/又は地理的スケールを通じて環境影響を最小にしながら信頼性のあるコスト効率の良いエネルギーサービスを供給するためのエネルギーシステムの計画・運用の協調プロセス」と定義されている [33]。このようにセクターカップリングの定義の中に、前項で述べた「柔軟性」というキーワードが入っている点

第5章　脱炭素の国際動向 | 99

は重要である。

　セクターカップリングの中でも特に熱部門との融合は有用である。何故なら、温水貯蔵は蓄電池よりはるかに低コストで導入できる確立された技術であるからである[34]。デンマークやドイツ、オーストリアで2000年代より進んでおり、特に分散型コジェネレーションと熱貯蔵、ヒートポンプ（あるいは電熱器）との組み合わせは、大きな柔軟性の供給源となっている[35]。

　運輸部門とのセクターカップリングの代表例は電気自動車であり、電気自動車もIoT技術を用いたスマートチャージにより、電力系統に負荷を与えるのではなくむしろ柔軟性供給源として機能することが期待されている（後述の表5-3も参照のこと）。

5-5-3　IRENAによるVRE大量導入のためのイノベーション

　また、IRENAからも、再生可能エネルギーの大量導入時代に必要な電力系統のイノベーションに関する報告書が2019年に刊行されている[36]。ここでも重要なキーワードは柔軟性の向上であり、表5-3に示す通り再生可能エネルギーの大量導入に必要なイノベーションとして合計30の項目が挙げられている。

　ここで注目すべき点は、要素技術、すなわち「ものづくり」に関するイノベーションは全体の3分の1に過ぎず、しかもその多くが再生可能エネルギー技術そのものではなく、受け入れ側の電力系統技術であるという点である。また、残りの3分の2のイノベーションもビジネスモデルや市場設計、系統運用といったどちらかというと「しくみづくり」に関連するものが多く挙げられている。

5-5-4　IEAによるVRE統合の6段階

　2050年までに電源構成に占める再生可能エネルギーの比率を90%程度（うちVRE60%程度）に高めるにあたって、IEAからVREを系統連系（統

表5-3　IRENAによる再生可能エネルギー大量導入のためのイノベーション[36]

	概説	イノベーション概要書
実現技術	・再生可能エネルギーの変動性をバックアップし、さまざまな系統サービスを提供することができる蓄電池技術。	1. 大容量蓄電池 2. ビハインド・ザ・メーター（需要側）蓄電池
	・他部門の電化を実現し、再生可能エネルギー電源の新たな市場を切り開くとともに、余剰電力を貯蔵する新たな方法をもたらす技術。	3. 電気自動車のスマートチャージ 4. 再生可能エネルギーによるP2H（電力から熱への変換） 5. 再生可能エネルギーによるP2H2（電力から水素への変換）
	・電力部門に新たな選択肢をもたらすとともに、業界の境界線とダイナミクスを一変させ、再生可能エネルギーアセットの最適化を促進するデジタル技術。	6. IoT（モノのインターネット） 7. AIとビッグデータ 8. ブロックチェーン
	・相互に補完し合い、VRE電源の新しい運用方法を可能にする新たなスマートグリッド（大規模、小規模のいずれも）。	9. 再生可能エネルギーのミニグリッド 10. スーパーグリッド
	・新たな状況と電力系統のニーズに適応するための、既存アセットの改修。	11. 従来型発電所における柔軟性
ビジネスモデル	・需要家に権限を付与し、能動的な参加者へと変容させるビジネスモデル。	12. アグリゲーター 13. ピア・トゥー・ピア（P2P）電力取引 14. エネルギー・アズ・ア・サービス（EaaS）
	・オフグリッド地域と系統接続地域の両方で再生可能エネルギーの供給を可能にする革新的手法。	15. コミュニティ所有モデル 16. 従量課金モデル
市場設計	・市場参加者による柔軟性の供給を奨励し、より適切なシグナルを送ることで電力供給の価値を安定させ、系統サポートサービスに適切な報酬を与える新たな規制。	17. 電力市場における時間分解能の向上 18. 電力市場における空間分解能の向上 19. 革新的なアンシラリーサービス 20. 容量市場の再設計 21. 地域市場
	・需要家／プロシューマー側の柔軟性を促進する小売市場の設計および規制の変更。	22. 時間別料金制度 23. 分散型エネルギー源の市場導入 24. ネットビリング制度
系統運用	・分散型電源の導入に必要となる新たな配電系統運用方法と、分散型電源に適した市場促進。	25. 配電系統運用者（DSO）の将来的役割 26. 送電系統運用者（TSO）とDSOの協力
	・系統柔軟性を高める新たな運用手順。	27. VRE電源の先進的予測手法 28. 揚水発電の革新的運用手法
	・系統混雑に起因するVREの出力抑制を削減し、系統増強の必要性を低減する新たな系統運用方法。	29. バーチャル送電線 30. 動的線路定格

合）していくための6つの段階をまとめた報告書が2019年に刊行されている[37]。表5-4にIEAが提唱するVRE統合の6段階の概要を示す。

　IEAの整理によると、VREの変動性を管理するために蓄電池が必要になるのは第4〜5段階、水素が必要になるのは第6段階になってからで

第5章　脱炭素の国際動向　101

表5-4　IEAによるVRE統合の6段階（文献[37]より筆者翻訳してまとめ）

フェーズ	説明	移行への主な課題
1	VREは電力システムに顕著な影響を及ぼさない	
2	VREは電力システムの運用に僅かなもしくは中程度の影響を及ぼす	既存の電力系統の運用パターンの僅かな変更
3	電力システムの運用方法はVRE電源によって決まる	正味負荷および潮流パターン変化の変動がより大きくなる
4	電力システムの中でVREの発電が殆ど全てとなる時間帯が多くなる	VRE出力が高い時間帯での電力供給の堅牢性
5	VREの発電超過（日単位～週単位）が多くなる	発電超過および不足の時間帯がより長くなる
6	VRE供給の季節間あるいは年を超えた超過または不足が起こる	季節間貯蔵や燃料生成あるいは水素の利用

あり、それまでは5-5-1項で示した図5-22や図5-23に示すような考え方に従ってコストの安いものから順に既存の柔軟性供給源を活用していくことが望ましいとされる。

　図5-25は2018年段階の主要国・エリアのVRE導入率をVRE統合の6段階に分類しながら昇順に並べたグラフである。図に見る通り、IEAの分類に従うと、九州エリアだけは日本の中でも太陽光発電の導入が先行しているため第3段階に分類されているが、日本はまだ「VREは電力システムの運用に僅かなもしくは中程度の影響をおよぼす」段階の第2段階に突入したばかりに過ぎないことがわかる。

　一方、VRE導入が先行するアイルランドや南オーストラリア州、デンマークは第4段階に進んでいるが、この中で系統用蓄電池の導入が進んでいるのは南オーストラリア州だけであり、さらに水素の利用が必要となる第6段階まで到達した国や地域はまだ地球上には存在していない。

　以上のように、本節では「柔軟性」や「電化」、「セクターカップリング」というキーワードを中心にさまざまな国際機関で議論されているVRE大量導入技術について紹介したが、ここで重要となる点は、必要なイノベーションはVRE側に課されるのではなく、受け入れ側の電力系統側に課されるものが多い、という点である。

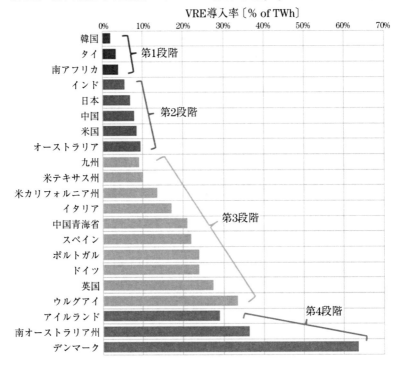

図5-25 IEAの分類による主要国・エリアのVRE導入率（文献[37]のデータより筆者作成）

　これは再生可能エネルギーに大きな便益があるため（5-4-1項図5-15参照）、新規技術としての再生可能エネルギーを従来型の電力系統の設計や運用に合わせるのではなく、受け入れ側の電力系統の方が便益を生む新規技術に合わせて変化しなければならない、という発想によるものである。このような考え方の下、VRE大量導入に向けた議論が国際的に進んでいる。

5-6　国際議論と国内議論の乖離

　5-3節および5-4節で概観した通り、国際的なエネルギー問題について情報収集・分析・発信する2つの国際機関が期せずして2050年までにネットゼロを目指すロードマップを描いた報告書を公表している。そこで分析され提案されたシナリオではCO_2削減のためにもっとも有効な技術は風力発電と太陽光発電をはじめとする再生可能エネルギーであり、パリ協定に定められた1.5℃目標を達成するためのシナリオでは2050年の電源構成における再生可能エネルギーの比率は90%程度に達することが2つの異なる国際機関から示されている。

　このような国際的な議論に対して、5-2節で短観したような日本政府が示した2030年および2050年の見通しを比較すると、図5-26のようになる。

図5-26　IEA "Net Zero" 報告書のシナリオと日本政府の見通しの比較（文献[5],[12],[21]から筆者作成）

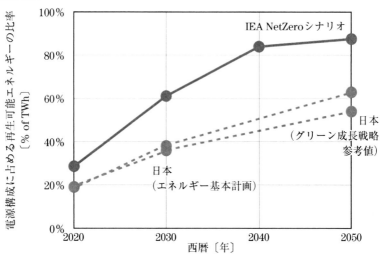

この図から明らかな通り、日本の2030年および2050年の再生可能エネルギーの見通しは、IEAやIRENAといった国際機関が公表したパリ協定を遵守するためのシナリオに対して著しく低い値となっている。IEAやIRENAのシナリオ分析は世界全体であるため、世界の平均値から劣後してしまう国も出てくることは否めないが、そのような国は産油国であったり、今後著しい経済成長が見込まれる発展途上国であることが容易に予想される。そのような中で先進国の一員であり「科学技術立国」や「環境立国」を標榜する日本が、多くの先進国が達成しつつある再生可能エネルギー大量導入を実現できないとしたら、国際社会の一員としてどのような立ち位置に立たされるだろうか。

　図5-27は経済協力開発機構（OECD）加盟国の1990年および2020年の年間消費電力量に占める再生可能エネルギーの発電電力量の比率（導入率）を示したグラフであり、2020年における導入率を降順で国ごとに並べたものである。

　1990年の段階では、再生可能エネルギーといえば殆どが水力発電であり、わずかに地熱発電やバイオマスが見られるのみであった。それから30年経ち、多くの先進国では主に風力発電を中心に再生可能エネルギーの導入率を増やしてきたことが図からわかる。

　とりわけ、デンマーク、ドイツ、アイルランド、英国など、30年前には再生可能エネルギー電源が殆どなかった国がこの30年で急激に再生可能エネルギーを導入してきたことが図から明らかである。一方、日本は他の先進国に比べると、過去30年で再生可能エネルギーの比率をあまり増加させていない結果となっており、30年前に日本よりもずっと下位だった他の国々に大きく追い抜かれている状態であると言える。これらの中にはアイルランドや英国のような日本と同じような島国もあり、ドイツなどの経済大国もある。

　これらの国々は、5-5-4項で紹介したIEAによるVRE統合の6段階で分類すると第3段階〜第4段階に達しており、2030年までには第5〜6段階に到達する目標や見通しが立てられている国である。したがって、これらの国で蓄電池や水素の研究開発が進み、実証設備や一部は商用化が始

図 5-27　OECD加盟国の1990年および2020年における再生可能エネルギー導入率（文献 [28], [38] から筆者作成）

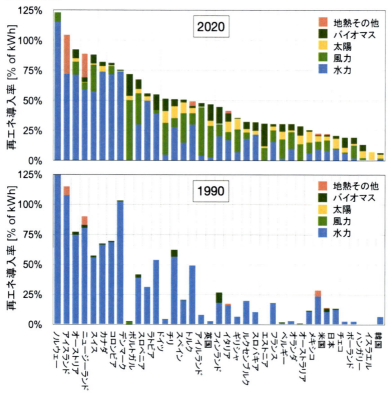

まっているのはごく自然で合理的な戦略であると考えることができる。

　一方、日本は『第6次エネルギー基本計画』によると2030年に再生可能エネルギー導入率が36～38％（うちVRE30％程度）程度に留まり、これはIEAの分類によると2030年時点でもまだ蓄電池を用いずとも系統運用が可能な第3段階から抜け出せるレベルにないことを意味している。

　さらに『2050年カーボンニュートラルに伴うグリーン成長戦略』に掲げられた数値に基づくと2050年の時点で再生可能エネルギーが50～60％（VRE40～50％）に過ぎず、これでは2050年の時点でも第4段階に留まり、水素が必要となる第6段階に依然として達してないことになる。

　5-2節で触れた「グリーンイノベーション基金事業」では、総額2兆円のうち既に3700億円が他の予算配分が決まっていない段階から先行して

水素関連プロジェクトに支出されることが決定されており、基金予算全体の少なくとも18%が水素関連に配分されることになる。これは図5-13に見たようなIEAによる世界全体の試算とも大きく乖離しており、図5-7に見るようなCO_2排出量削減に相対的にあまり貢献しないような技術を優先していることにもなり、予算配分の科学的合理性が大きく問われる結果となっている。

　このように日本では、ここ10〜20年かけて国際的に議論されてきた知見や経験と大きく乖離した産業政策が取られようとしており、エネルギー政策と産業政策がミスマッチを起こしている可能性があることがわかる。

5-7　おわりに：日本のとるべき道

　前節で指摘した内外議論の乖離や政策の不合理なミスマッチを解消するためには何をどのように解決すればよいだろうか。

　まずは、日本における国内議論も本論文で紹介したような国際議論と歩調を合わせ、諸外国が10〜20年に亘る経験で得た（すなわちIEAやIRENAに集約された）知見を取り入れることが急務である。とりわけ「柔軟性」や「セクターカップリング」といった概念を日本でももっと普及させ、これらに関する議論や研究開発の促進が重要となる。

　幸い、『第6次エネルギー基本計画』にも第5次には見られなかった「柔軟性」という用語が6回、「セクターカップリング」が2回登場し、政府内でもこれらの重要性がようやくではあるが徐々に浸透しつつあることが見てとれる。

　また、CO_2排出量削減のために優先すべき技術は、IPCCが試算したカーボンバジェットを意識しながら「決定的な10年間」に遅滞なく間に合うような既存技術から先に選択すべきであり、合理的な帰結としては当然ながら風力発電（しかも相対的にコストの安い陸上風力）や太陽光発電が優先されることになる。

　水素やCCUSといった2030年以降に本格的な実用化が見込まれる技術に対する投資配分は、どの程度CO_2排出量削減効果があり、便益を生み出すことができるか（図5-6、図5-16参照）を費用便益分析などの定量的評価を行った上で、科学的に意思決定することが望ましい。

　さらには、日本のお家芸とも目される蓄電池や水素技術が結果的にCO_2排出量削減に役にたたなかったり、世界市場と乖離した性能や用途でガラパゴス製品化しないためにも、2030年や2050年における再生可能エネルギーの導入率をバックキャストの考え方から早期に世界標準（例えば2030年に60%、2050年に90%）に引き上げることが望ましい。

参考文献

[1] 首相官邸：第二百三回国会における菅内閣総理大臣所信表明演説
（2020.10.26）

[2] IRENA（International Renewable Energy Agency）：Global Renewables
Outlook, Edition 2020（2020）【日本語訳】安田陽訳：世界再生可能
エネルギー展望，環境省（2021）https://www.env.go.jp/earth/report/
R2_Reference_5.pdf

[3] IRENA：Reaching Zero with Renewables（2020）

[4] IRENA：World Energy Transitions Outlook：1.5℃ Pathway（2021）

[5] IEA：Net Zero by 2050 - A Roadmap for the Global Energy Sector（2021）

[6] 日本経済新聞：化石燃料へ新規投資停止　IEA，50年脱炭素へ工程
表　ガソリン新車は35年に販売ゼロ，2021年5月18日

[7] 朝日新聞：「排出ゼロ」可能？　国際機関が描く2050年の世界，2021
年5月19日

[8] NHK：2050年までに温室効果ガス実質ゼロへ　IEAが工程表まとめ
る，2021年5月19日

[9] 小山堅：IEA「Net Zero by 2050」報告書をどう読むか，国際エネル
ギー情勢を見る目（533），IEEJ特別速報レポート，2021年5月20日

[10] 大場紀章：IEA「石油投資ゼロ」が衝撃的なワケ，Yahoo Japan!ニュー
ス，2021年5月27日

[11] 経済産業省：2050年カーボンニュートラルの実現に向けた検討，第
35回基本政策分科会，資料1，2020年12月21日

[12] 経済産業省：2050年カーボンニュートラルに伴うグリーン成長戦略，
2020年12月25日

[13] 経済産業省：令和2年度第3次補正予算（経済産業省関連）の概要，
2021年1月28日

[14] 新エネルギー・産業技術総合開発機構（NEDO）：グリーンイノベー
ション基金事業

[15] 経済産業省：ニュースリリース，グリーンイノベーション基金事業

の基本方針を策定しました，2021年3月12日

[16] 経済産業省：産業構造審議会　グリーンイノベーションプロジェクト部会　https://www.meti.go.jp/shingikai/sankoshin/green_innovation/index.html

[17] 経済産業省：分野別資金配分方針，グリーンイノベーションプロジェクト部会エネルギー構造転換分野ワーキンググループ，第1回参考資料，2021年4月9日

[18] 経済産業省：分野別資金配分方針の変更について，グリーンイノベーションプロジェクト部会，第4回資料4，2021年8月17日

[19] 経済産業省：ニュースリリース，水素関連プロジェクトの公募を開始します，2021年5月18日

[20] 経済産業省：エネルギー基本計画（素案），第46回基本政策分科会，資料2，2021年7月21日

[21] 日本政府：第6次エネルギー基本計画（2021）

[22] 経済産業省資源エネルギー庁：エネルギー基本計画の概要（2021）

[23] IEA：World Energy Outlook 2012（2012）

[24] IEA：World Energy Outlook 2014（2014）

[25] IEA：World Energy Outlook 2016（2016）

[26] IEA：World Energy Outlook 2018（2018）

[27] IEA：World Energy Outlook 2020（2020）

[28] IEA：Electricity Information （subscription version），last update July 2021

[29] IPCC：WG1：Climate Change 2021 - The Physical Science Basis, Summary for Policymakers, 9th August, 2021.

[30] IEA：Harnessing Variable Renewables（2011）

[31] IEA Wind Task 25：ファクトシート No.1, 風力・太陽光発電の系統連系，安田陽訳，NEDO（2020）https://www.nedo.go.jp/content/100923371.pdf

[32] IEA Wind Task 25：ファクトシート No.4，電化（エレクトリフィケーション），安田陽訳，NEDO（2020）https://www.nedo.go.jp/content/100923374.pdf

[33] European Parliament：Sector coupling：how can it be enhanced in the EU to foster grid stability and decarbonise?, STUDY Requested by the ITRE committee（2018）

[34] IEA：Technology Roadmap - Energy Storage（2014）

[35] デンマーク・エネルギー庁：デンマークの電力システムにおける柔軟性の発展とその役割, ISEP・安田陽監訳（2021）https://stateofgreen.com/jp/publications/dea レポート：電力システムの柔軟性/

[36] 再生可能エネルギー機関：将来の再生可能エネルギー社会を実現するイノベーションの全体像, 安田陽訳, 環境省（2019）http://www.env.go.jp/earth/report/R01_Reference_2.pdf

[37] IEA：Status of Power System Transformation 2019 - Power system flexibility（2019）

[38] IEA：Monthly Electricity Statistics, last update 15th November 2021

第6章 脱炭素に向けたエネルギー貯蔵の役割

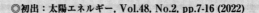

柔軟性とセクターカップリング

◎初出：太陽エネルギー, Vol.48, No.2, pp.7-16 (2022)

　この論考は、日本太陽エネルギー学会(JSES)の学会誌『太陽エネルギー』で組まれた特集「再生可能エネルギー大量導入時のエネルギー貯蔵システム」に寄稿した記事です。同時に、私自身が特集号の巻頭言の執筆も依頼されました。その巻頭言で書いた文章をここでもご紹介します。

　『再生可能エネルギーの将来の大量導入にあたって、日本でも蓄電池や水素貯蔵などのエネルギー貯蔵に関する議論が活発である。しかしながら、まず初めに読者に訴えかけたいメッセージは、「エネルギー貯蔵は最初に取るべき選択肢ではない」という点である。』

　ある技術をいつの段階で導入すべきかどうかは、費用便益分析（第4章参照）を行い、不確実性がありながらも科学的に決定されるのが望ましいです。単に安くなってきたからというだけで、ブームに乗っても、日本全体で壮大なガラパゴス技術を築くことになりかねません。

　現時点（2024年）で、蓄電池ブームはさらに加速しつつありますが、そういう時こそ、その技術がなぜ・いつ・どのように必要とされるかを立ち止まって考える必要があるでしょう。その点で、本稿はすっかり古くなった…わけではなく、今こそ多くの方に読んでいただきたいと思っています。

6-1　はじめに

　2020年10月に菅義偉内閣総理大臣（当時）の国会所信表明演説において「2050年までにカーボンニュートラルをめざす」[1]という文言が明記され、日本でも急速にカーボンニュートラルの議論が活性化している。国際的にも2021年5月には国際エネルギー機関（IEA）から"Net Zero by 2050"という報告書が公表され[2]、脱炭素の議論が急ピッチで進展している。

　本稿では、脱炭素に向けた将来のエネルギー転換として、必然的に再生可能エネルギーの超大量導入が進む中、エネルギー貯蔵システムがどのように貢献するかについて、エネルギーシステムや電力系統全体の観点から俯瞰する。

　6-2節では、まずエネルギー貯蔵システムの役割について述べる前に世界の脱炭素の議論の動向を概観し、続く6-3節で変動性再生可能エネルギー（VRE）、すなわち風力・太陽光を大量導入するための重要な概念である「柔軟性」と「セクターカップリング」について紹介する。6-4節では柔軟性の文脈の中でエネルギー貯蔵の位置付けを確認し、6-5節ではエネルギー貯蔵を含む諸技術の優先順位を合理的に意思決定する手法としての「費用便益分析」について解説する。

6-2　世界の脱炭素議論の動向と日本の立ち位置

　本節では、脱炭素の国際動向を俯瞰するために、IEAが2021年5月に公表した"Net Zero by 2050"の概要を紹介する。また、日本国内での脱炭素関連の政策や議論も紹介し、世界と日本の動向の相違点を指摘する。

　図6-1はIEAの同報告書で提示された「ネットゼロ排出シナリオ」における一次エネルギー供給の見通しと、各種技術の内訳である。IEAの見通しによると、世界全体の一次エネルギー供給は人口やGDPの伸びにも関わらずエネルギー効率化のために減少することが予想されているが、その中で再生可能エネルギーは2050年に約7割を占め、最大のエネルギー源となることがわかる。

図6-1　IEAによる一次エネルギー供給および各種エネルギーの見通しの推移（文献[2]のデータより筆者作成）

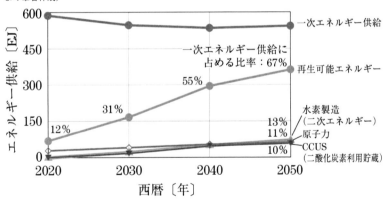

　一方、日本において脱炭素の文脈で議論が盛んになりつつある二酸化炭素再利用・貯留（CCUS）付き火力、原子力はそれぞれ1割程度であり、二次エネルギーとしての水素利用も同じく一次エネルギーに対して1割程度と見積もられており、これらの比率はあまり大きくないことがわかる。

第6章　脱炭素に向けたエネルギー貯蔵の役割　｜　115

また図6-2は、IEAの同報告書で提示された「ネットゼロ排出シナリオ」における電源構成（発電電力量）の将来見積もりの推移を円グラフで示したものである。電源構成に占める再生可能エネルギーの比率は、図に示す通り2030年に61%、2040年に84%、2050年には88%という見通しが試算されている。その中でも特に風力と太陽光がそれぞれ約35%となり、最大電源となることが予想されている。

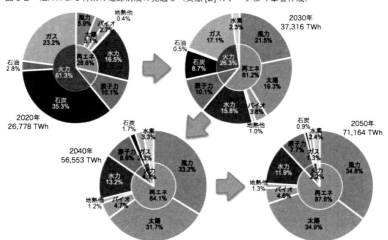

図6-2　IEAによる将来の電源構成の見通し（文献[2]のデータより筆者作成）

このように、再生可能エネルギーは文字通り脱炭素を達成するための「主役」であり、それは決して象徴的な意味ではなく、定量的な科学的方法論に基づき、国際機関である程度合意形成された世界共通の認識であると言える。

なお、本節ではIEAの"Net Zero"報告書を中心に紹介したが、同時期に別の国際機関であるIRENAからも同様の報告書が発表されている[3]。複数の国際機関が競い合うように異なるモデルや分析手法を用いて将来見通しを算出しながらも、ほぼ同じような結論に到達していることは非常に興味深い。

一方日本では、2020年10月の菅元首相の「カーボンニュートラル宣言」[1]後、同年12月25日には経済産業省から『グリーン成長戦略』が公

表され、2050年に「再エネ（50～60％）」という数値が明記された[4]。また、2021年10月には『第6次エネルギー基本計画』が閣議決定され[5]、そこには2030年度の電源構成に占める再生可能エネルギーの比率が36～38％が明記された。この日本政府が公表した将来見通しと前項で紹介したIEA報告書の見通しを比較すると、図6-3のようになる。

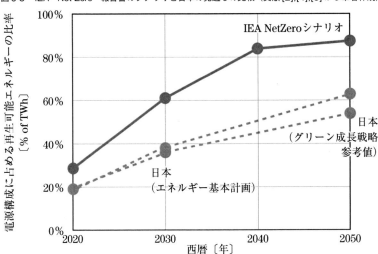

図6-3　IEA "Net Zero" 報告書のシナリオと日本の見通しの比較（文献[2],[4],[5]から筆者作成）

　この図から明らかな通り、日本の2030年および2050年の再生可能エネルギーの導入率の見通しは、IEAなど国際機関が公表したシナリオに対して低い値となっている。

6-3 再生可能エネルギー大量導入時代の系統運用

　前節で示したように、電源構成に占める再生可能エネルギーの比率が約9割にも達し、そのうち風力・太陽光といったVREが約7割にも上るVRE超大量導入時代が2050年までにやってくることが予想されている。

　このようなVRE超大量導入時の電力系統の運用はチャレンジングではあるが、その課題に対する段階的解決方法は比較的早い段階から国際的に議論されている。

6-3-1　系統柔軟性

　VREの大量導入を支える技術として、例えばIEAは既に2011年の段階で「柔軟性（flexibility）」に関する報告書を公表している[6]。柔軟性は、従来の「調整力（regulation power）」や「予備力（reserve）」の上位概念にあたる新しい用語であり、図6-4に示すように柔軟性の供給源として、以下のものが挙げられる。

①ディスパッチ可能（制御可能）な電源

②エネルギー貯蔵

③連系線

④デマンドサイド

　柔軟性は多種多様な系統構成要素から供給でき、ディスパッチ可能（制御可能）な電源も火力発電だけでなく水力やバイオコジェネからも質の高い柔軟性を得ることができる。エネルギー貯蔵も蓄電池や水素だけでなく熱貯蔵（温水貯蔵）や揚水発電など既に技術が確立された低コストの設備を用いることができる。

　更に、連系線は発電設備ではないため従来の考え方に基づくと供給力や予備力として計上されずその能力が見落とされがちであるが、隣接エ

図6-4　IEAによる柔軟性の概念図（文献[6]の図を筆者翻訳）

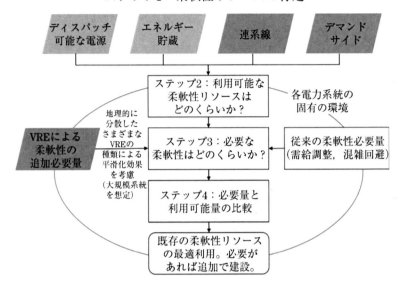

リアと連系することにより他エリアの柔軟性供給源を広域で管理することができ、結果的に柔軟性の選択肢を広げることになる。

　デマンドサイドの柔軟性も、現時点では国や地域レベルで十分に信頼性の高い設備や方法論が大規模に確立されているとは言えないが、例えば空調や冷蔵・冷凍設備、更には電気自動車（EV）の電力市場価格に連動した応答など、価格弾力性の高い将来技術が期待される。

　上記のような手順で柔軟性供給源を合理的に選択し組み合わせることにより、既存の設備から順番に柔軟性を最適利用することが可能となる。柔軟性供給源の選択の優先順位として、図6-4では以下のような手順を踏むことが推奨されている。

・ステップ1：対象となる国や地域の電力系統の中で、柔軟性を供給可能な電力設備がどこにどれくらいあるかを把握する。
・ステップ2：当該系統における利用可能な柔軟性がどれくらい存在するかを計上する。
・ステップ3：今後その地域にどのくらいのVREが導入されるかを予

測する。

・ステップ4：必要となる量と利用可能な量を比較する。

このような多種多様な柔軟性供給源を既存のものからコストが安い順に使っていくのが国際的に議論の進む柔軟性のコンセプトである。

日本では「再エネは不安定で火力によるバックアップが必要」「再エネ導入には蓄電池が不可欠」という発想が巷間に流布しており、研究者ですらそれを無省察に受け入れてしまう傾向にあるが、国際的に議論が進む「柔軟性」という概念の下では火力発電や蓄電池は柔軟性供給源の選択肢の一部に過ぎない。そもそも国やエリアごとに多様な種類の柔軟性のポテンシャルが存在し、それを如何にコスト効率よく有効活用するかが、ここ10年で世界で盛んに議論されている。

6-3-2　VRE導入の6段階

前項で柔軟性の概念について簡単に紹介したが、本項では柔軟性供給源を選択する上での方法論をより詳細に議論する。ある技術をいつどのようになぜ選択するかは、その技術の技術的優位性だけでなく建設コストや運用コストなどの経済性も考慮して意思決定しなければならない。

表6-1　IEAによるVRE統合の6段階（文献[7]より筆者翻訳してまとめ）

フェーズ	説明	移行への主な課題
1	VREは電力システムに顕著な影響を及ぼさない	
		既存の電力系統の運用パターンの僅かな変更
2	VREは電力システムの運用に僅かなもしくは中程度の影響を及ぼす	
		正味負荷および潮流パターン変化の変動がより大きくなる
3	電力システムの運用方法はVRE電源によって決まる	
		VRE出力が高い時間帯での電力供給の堅牢性
4	電力システムの中でVREの発電が殆ど全てとなる時間帯が多くなる	
		発電超過および不足の時間帯がより長くなる
5	VREの発電超過（日単位～週単位）が多くなる	
		季節間貯蔵や燃料生成あるいは水素の利用
6	VRE供給の季節間あるいは年を超えた超過または不足が起こる	

表6-1および図6-5に、IEAが文献[8]で提案したVRE導入の6段階と移行への主な課題を模式的に示した図表を示す。

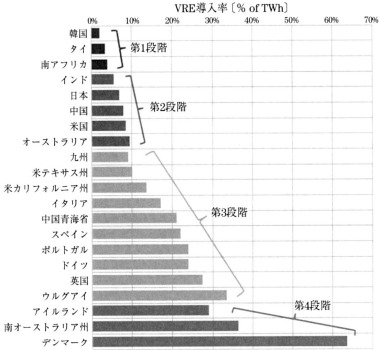

図6-5　IEAの分類による主要国・エリアのVRE導入率（2018年, 文献[7]のデータより筆者作成）

図6-5に見る通り、IEAの分類に従うと現段階で「水素の利用」が必要となる第5～6段階に到達した国・エリアは地球上で存在せず、最もVRE導入率が高いデンマークでもまだ第4段階に留まっていることがわかる。

現在、欧州を中心に水素技術の研究開発が盛んなのは、現在第3～4段階にある国やエリアが明確な政策目標を持っているからである。あと10年以内に確実に第5～6段階に到達するための布石であるということを認識しないと、エネルギー政策と産業政策のミスマッチを起こしてしまうことになりかねない。

日本で盛んに議論されている蓄電池に関しても同様で、本来、蓄電池が必要になるのは第4～5段階であり、現在第4段階にある国やエリアの

中で系統用蓄電池を大規模に導入しているのは南オーストラリア州のみである。日本の北海道とほぼ同等の面積・人口・消費電力量の規模をもつアイルランドでも、大規模な蓄電池の導入なく風力発電の導入率30%を達成している点は興味深い。

　南オーストラリアはテスラ社が2018年当時世界最大の100MW/129MWh大容量蓄電池システムを導入したため、日本でも注目されたことは記憶に新しい[8]。しかし、この背景には過去10年間で石炭火力をほぼゼロにしつつ風力発電の導入率を40%近くに上昇させ、かつ水力発電がほとんどないという、南オーストラリア州独自のユニークな自然環境や政策があることは無視できない。

　図6-4によると、日本はまだ「VREは電力システムの運用に僅かなもしくは中程度の影響を及ぼす」第2段階に過ぎず、日本の中でも太陽光発電の導入が先行している九州でも第3段階に到達したばかりである。

　前節図6-3で議論した通り、電源構成における再生可能エネルギーの比率に関する日本政府の公式な見通しとしては、2030年に36〜38%、2050年に50〜60%であり、既に導入されている水力発電やバイオマスの分を除けばVREとしては2030年に30%程度、2050年に40〜50%程度に過ぎない。これらの数値を図6-5に照らし合わせると、日本は2030年になってもまだ第3段階を抜け出ず、2050年でも第4段階に留まっていることになる。

　このように再生可能エネルギーの「低い」将来見通しにも関わらず、本来第4〜第6段階で必要となる蓄電池や水素の必要性が過度に強調され、補助金などで導入が進んだとしても、結果的に再生可能エネルギー大量導入や脱炭素に貢献しないばかりか、国際市場で競争できないガラパゴス技術を再生産してしまう可能性すらある。

　このエネルギー政策と産業政策のミスマッチは、将来の日本の蓄電池産業や水素産業に深刻な影響を及ぼすリスクもあり、早急にこのミスマッチを解消させる議論が必要である。具体的には、政府の公式な将来見通しをIEAなどの国際水準並に早期に引き上げることなどが挙げられる。

　このように、VREの導入の諸段階に応じて必要な対策を講じることは、

122

世界のさまざまな国やエリアで蓄積された知見・経験に基づく合理的方法論である。低い段階のうちに高い段階の方策である蓄電池や水素を補助金などで市場投入しても、コスト効率が悪くなる可能性が高い。また反対に、高い段階での課題を理由にして、低い段階でのVRE導入が妨げられたり導入を先送りしたりすることがないように注意が必要である。

6-3-3　柔軟性の優先順位

図6-6はIEA風力技術協力プログラム（TCP）第25作業部会（Task 25）が作成した柔軟性の選択肢の優先順位を示す概念図である[9]。

図6-6　IEA Wind Task 25による柔軟性導入の優先順位 [9]

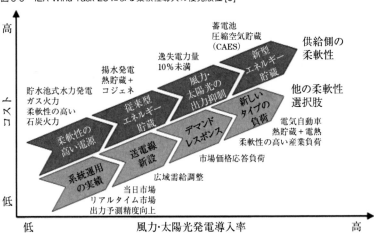

この図が示唆するところによると、風力・太陽光の導入率が低い段階から高い段階に推移するに従って、低コストで実装が早い柔軟性供給要素から導入していくことが望ましい。これはVRE導入が先行する各国・各エリアで蓄積された経験から得られた世界共通の知見であり、前項で紹介したIEAによるVRE導入の6段階に整合する考え方である。

例えば、VREの導入率がまだ低い段階では柔軟性の高い既存電源の活用もしくは既存電源の柔軟性の向上が優先である。この柔軟性の向上も電力市場の市場シグナルによって促されることが望ましく、その好例は

デンマークの電力系統および電力市場の歴史的経緯について書かれた報告書に詳しい[10]。

エネルギー貯蔵も既に技術が確立され国やエリアによっては十分な容量が実装されている揚水発電や熱貯蔵（温水貯蔵）が有効である（詳細は次節で後述）。日本で盛んに議論される蓄電池は、国際議論としては柔軟性の最後の手段であり（さらにその後に水素が待っているが）、最初に取りうる選択肢とはならないことに留意が必要である。

また、出力抑制は日本ではネガティブなものと解釈されやすいが、他の手段との経済価値と比較した上で5〜10%程度であれば寧ろコスト効率のよい柔軟性供給手段として用いることも可能である（ただし、公平性や透明性など十分に法制度や市場設計が整っている場合）。日本では現在、九州エリアで出力抑制が発生しているが、2019〜2021年の出力抑制率（年間VRE発電電力量に対する抑制電力量）はそれぞれ2.8%、3.8%、4.2%であり（文献[11]から筆者集計）、VRE導入が進む諸外国と比較して際立って高い水準ではない。この段階で出力抑制の緩和のために蓄電池を導入することが経済的正当性を持つかどうかは、より詳細な定量的議論が必要である（風力および太陽光の出力抑制の国際動向と国際比較に関しては、IEA Wind Task 25による国際調査[12]を参照のこと）。

更に、単に要素技術の追加だけでなく系統運用や市場設計などの制度面の改革も必要であることがこの図から示唆される。例えば当日市場（日本では時間前市場）の活性化や広域需給調整、デマンドレスポンス、電気自動車の充放電の能動的活用など、要素技術開発ではなく制度設計や市場設計によって新たな柔軟性供給源の発掘や活用が進む場合もある。これらの一部は既に、幸い日本でも電力広域的運営推進機関や経済産業省の審議会・委員会等において議論が進展している。

6-3-4　セクターカップリング

6-2節で紹介したIEAの"Net Zero"報告書に立ち戻ると、再生可能エネルギーは電力部門以外の部門（熱部門、運輸部門）でも利用が徐々に

進み、2050年には一次エネルギー供給の67%にも達するとの見通しが立てられている。太陽光や風力などの再生可能エネルギーは電力に変換しやすいため、電力セクターでの再生可能エネルギー化が最初に進むのはもちろんであるが、他の部門でも電化（electrification）が進み、再生可能エネルギーによる電力を利用することによって間接的に再生可能エネルギー化が進むことになる。このことを視覚的に表したものが図6-7となる。

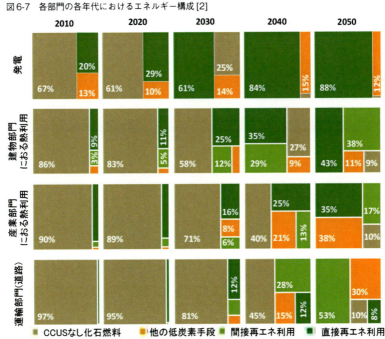

図6-7　各部門の各年代におけるエネルギー構成 [2]

図6-7は各部門（電力・ビル冷暖房・産業熱利用・陸運）の各年代におけるエネルギー源の見通しを示したものであり、図から電力分野で2030年代以降に再生可能エネルギーの大量導入が進むことが伺える（このことは本稿図6-2の円グラフでも示されている）。一方、他の分野は電力分野に遅れて再生可能エネルギー化が進むことになり、間接利用の比率も多い。これはこの分野で電化（による再生可能エネルギー化）が進むこ

第6章　脱炭素に向けたエネルギー貯蔵の役割　125

とを意味している。

　「電化」と言うと、日本でも一時期「オール電化」という言葉が流行ったが、現在国際議論が進む電化は決して電力のみにエネルギー利用を頼ることではなく、むしろ他の部門とのエネルギーの授受や協調が進むことを意味する。このような考え方は「セクターカップリング」と呼ばれる。

　セクターカップリングの定義は、以下のように、欧州議会が2018年に公表した文書に見ることができる（筆者仮訳）。

　　・セクターカップリングの広義の定義はエネルギーシステム統合に極めて近く、「複数の方法及び/又は地理的スケールを通じて環境影響を最小にしながら信頼性のあるコスト効率の良いエネルギーサービスを供給するためのエネルギーシステムの計画・運用の協調プロセス」と定義されている。

　　・欧州委員会は、セクターカップリングのこの広義の解釈を用い、「よりコスト効率の高い方法で脱炭素化を達成するために、エネルギーシステムにより大きな柔軟性を提供するための戦略」と理解している。

　ここで「エネルギーシステム統合」や「脱炭素」「柔軟性」というキーワードが含まれている点は注目すべきで、これまでで紹介した国際動向に合致した考え方であると解釈できる。

　上記の欧州委員会の定義に見る通り、セクターカップリングは「柔軟性を提供するための戦略」である。したがって、柔軟性の概念なくセクターカップリングを理解することは難しく、セクターカップリングを想定せずに柔軟性供給源を探しても資源は限られてしまう（その結果、本来必要のない高コストな選択肢を不合理に選択する結果となる）。

　セクターカップリングの代表例は、熱部門との協調という点では、地域熱供給や温水貯蔵・冷熱貯蔵が挙げられる。特にエネルギー貯蔵システムとしての温水貯蔵は既に技術的にも成熟しており、低コストであることが世界的にも知られている。例えばピット式の温水貯蔵は他のエネルギー貯蔵システムと比較して最も低コストであるとされている[13],[14]。また、家庭用の温水貯蔵に至っては、そのコストは他のエネルギー貯蔵技術と比べ「無視できるほど小さい」ものである[13]。

126

また、運輸部門との協調という点では、やはり電気自動車（EV）の車載蓄電池とのインテリジェントな協調が挙げられ、これはV2G（Vehicle to Grid）として知られている。EVが増えることで電力需要も増加し、ピーク時の供給信頼度（アデカシー）を懸念する声もあるが、寧ろV2Gは学術レベルでは1990年代から提唱され、理論的には既に20年以上の歴史を持つ。確かに無対策なEVの充放電は電力系統に負の影響を与える可能性もあるが、近年EVの急速な拡大に伴い、価格弾力性の大きいデマンドレスポンスとしてますます期待が高まっている。近年の国際議論は行動経済学なども応用したV2G技術の社会実装や市場取引が主流であり[15]、研究開発は要素技術やソフトウェア開発のレベルからプラットフォーム作りや制度設計の段階に進んでいると言える。

6-4 エネルギー貯蔵の役割

　前節で「柔軟性」という新しく国際的に議論が進む概念について解説したが、本稿のテーマであるエネルギー貯蔵はこの柔軟性の選択肢の一つとしてどのような役割を担い、どのように期待されているのであろうか。

6-4-1 再生可能エネルギーとエネルギー貯蔵

　再生可能エネルギーとエネルギー貯蔵に関する国際議論としては、例えば下記のようなものを挙げることができる。

- エネルギー貯蔵は最初に検討する選択とはならない。なぜならば、20%までの適度な風力発電導入レベル（筆者注：発電電力量に対する導入率）では、系統費用に対して経済的な影響は限定的だからである[16]。
- エネルギー貯蔵装置は系統全体に対して経済的便益を最大にするために用いる場合に最も経済的になるものであり、単一の電源に対して用いられることはほとんどない[16]。
- この結果（筆者補足：エネルギー貯蔵の検討）は系統の柔軟性や電源構成、電源の変動性によって決まるが、導入率が20%以下では小さな離島の系統を除いた全ての系統で経済的に妥当となるとは言えず、導入率50%以上ではほとんどの系統で電力貯蔵が経済的に妥当となる[17]。
- 風力発電の導入率が電力系統の総需要の10〜20%であれば、新たな電力貯蔵設備を建設するコスト効率はまだ低い[18]。
- 集合化によっていかなる負荷および電源の変動性も効果的に低減できるような大規模な電力系統において、風力発電専用のバックアップを設けることは、コスト効率的に望ましくない[18]。
- 将来的には、電力貯蔵の選択肢も需給調整に役立つ可能性がありま

すが、その利用は、他の選択肢と比較して費用対効果が高いかどうかによります[19]。

・電力貯蔵の利点は、そのコストと比較しなければなりません。（中略）燃料や水を容器や貯水池に貯蔵することは、現在の貯蔵の中で最も費用対効果の高い形態です。熱貯蔵もまた、蓄電池よりも費用対効果が高い方法です[19]。

これらの言説は、前節図6-5の柔軟性の優先順位の考え方に呼応するものである。上記に挙げたもののうちいくつかはまだ蓄電池のコストが高かった数年前の言説ではあるが、その後蓄電池のコストが如何に低下したとしても、他の既存の設備を有効活用せずに新規設備を導入するのは、依然としてコスト効率が悪いことは明らかである。

6-4-2　エネルギー貯蔵の役割と用途

一方、再生可能エネルギーに限らず電力系統におけるエネルギー貯蔵の役割と用途を考えると、例えば表6-2のようにまとめることができる。この表から、エネルギー貯蔵は再生可能エネルギーの変動対策にも用いることができるが、それ以外の用途も多種多様であり、むしろそちらの方が多いことがわかる。

これは米国電力中央研究所（EPRI）が2010年に公表した白書[20]でまとめられた知見であり、今から10年以上前と技術史的には若干古い情報である。しかし、現在でもそのまま通用する考え方であり、電力市場が発達した欧米では当時からこのような議論が始まっていたという点は興味深い。

日本では「再エネ導入には蓄電池が必要」と無省察に喧伝される一方、エネルギー貯蔵を再エネ以外の用途に積極的に用いる議論が相対的に少なく、更にそれを市場取引で活用するという概念も希薄なようである。これらのサービスの価値を明示的に価値付けできるような市場設計と、エネルギー貯蔵システムを所有する市場プレーヤーが参入障壁なく市場に参加できるルールづくりが日本でも望まれる。

表6-2　電力用エネルギー貯蔵システムの用途とその性能要件（文献[20]の表より抜粋して筆者翻訳）

用途	詳細説明	容量	時間スケール
小売サービス	裁定取引	10〜300 MW	2〜10 時間
	アンシラリーサービス	ブラックスタートやランプサービスなど市場の要求する機能による	
	周波数制御	1〜100 MW	15 分
	瞬動予備力	10〜100 MW	1〜5 時間
再エネ系統連系	風力発電:ランプ（出力変化）対応および電圧制御	分散型: 1〜10 MW 集中型: 100〜400	15 分
	風力発電:オフピーク貯蔵	100〜400 MW	5〜10 時間
	太陽光発電: タイムシフト、瞬時電圧降下、急峻な需要に対する対応	1〜2 MW	15 分〜4 時間
変電所での送配電支援	都市部および地方の送配電網建設遅延対応、送電混雑	10〜100 MW	2〜6 時間
移動式の送配電支援	同上	1〜10 MW	2〜6 時間
分散型エネルギー貯蔵システム	電力会社所有: 電力計や配電線、変電所の系統側	1 相: 25〜200 kW 3 相: 25〜75 kW	2〜4 時間
産業用電力品質	瞬時電圧降下および短時間停電対策	50〜500 kW	15 分未満
		1000 kW	15 分以上
産業用信頼度	瞬時電圧降下および短時間停電対策	50〜1000 kW	4〜10 時間
産業用エネルギーマネジメント	エネルギーコストの軽減、信頼度向上	50〜1000 kW	3〜4 時間
		1 MW	4〜6 時間
家庭用エネルギーマネジメント	効率、コスト軽減	2〜5 kW	2〜4 時間
家庭用バックアップ	信頼度	2〜5 kW	2〜4 時間

6-5　技術選択の意思決定手法としての費用便益分析

　前節までに議論した通り、エネルギー貯蔵システムは再生可能エネルギーの大量導入を進める点でも最初に取りうる選択肢ではなく、逆に再生可能エネルギーの変動対策以外の用途も多様にある。それでは、どのような種類のエネルギー貯蔵システムをどのようなタイミングでどのような合理的判断に基づき選択すればよいのだろうか？

6-5-1　費用便益分析

　その答は、工学の分野でなく経済学の分野に解を求めることができる[21]。費用便益分析（CBA：Cost-Benefit Analysis）は日本でも比較的古くから特に土木部門や公共建築部門で発達している定量評価手法であるが、欧米ではエネルギー部門にもこの手法を用いて政策決定・意思決定することが法令レベルで義務付けられていることが多い[22]。CBAの目的は例えば下記のように

　　・CBA（費用・便益分析）の広義の目的は、社会的意思決定を支援することである[22]。
　　・費用便益分析の目的は、政策の実施についての社会的な意思決定を支援し、社会に賦存する資源の効率的な配分を促進することである[23]。

とされ、根拠に基づく政策決定（EBPM：Evidence-Based Policy Making）や規制影響分析（RIA：Regulatory Impact Analysis）の基礎を成すものである。

　エネルギー貯蔵システムを選択する際は（もしくは他の柔軟性供給源と比較してエネルギー貯蔵を選択しない場合も）このCBAを行うことが望ましい。逆にCBAのような定量的評価なしに安易に「エネルギー貯蔵

ありき」「蓄電池ありき」で技術導入や補助金付与を決定してしまうと、その地域や国の便益が損なわれたり、諸外国に通用しないガラパゴス技術を再生産してしまうことになりかねない。

例えば文献[24]では、固定価格買取制度（FIT）の買取期間が終了した住宅用太陽光の活用方法について蓄電池とヒートポンプによる蓄熱の経済的分析を行っている。その結果、条件によっては蓄電池導入による太陽光余剰電力を直接消費しても、需要家にとって経済的でなくCO_2排出削減や省エネルギーにもつながらないケースもあることが明らかになっている。

6-5-2　エネルギー貯蔵システムの便益

表6-3は国際電気標準会議（IEC）が2012年に公表したエネルギー貯蔵システムに関する白書[25]から抜粋したものであり、各種エネルギー貯蔵システムの再生可能エネルギーに対する便益がまとめられたものである。

前節で紹介した通り、エネルギー貯蔵システムは再生可能エネルギーの変動対策のためだけにあるのではなく、また、再生可能エネルギーの大量導入を支える用途であったとしても、さまざまな目的や利用方法により便益は異なる可能性がある。これらの導入効果を、可能であれば系統シミュレーションなどを用いて定量化し、貨幣価値に換算することが望ましい。

また、エネルギー貯蔵システムがもたらす便益の多くがアンシラリーサービス[1]に関わるものであるが、現時点での日本ではこのアンシラリーサービスの価値（便益）が十分可視化されていないのが現状である。需給調整の責務を「（大規模火力発電所を持つ）旧一般電気事業者がボランティアベースで肩代わりしている」「新電力はフリーライドしている」と言った表面的な荒れた議論になりがちなのは、ひとえにアンシラリーサービスが市場で価値付けされていないからだと言える。これを解決す

---

1. アンシラリーサービス：電気には需要と供給のバランスが崩れると周波数が変動するという特性があり、この周波数変動を発電出力調整により正し、電力品質を維持することをアンシラリーサービスという。（参考：電気学会 用語解説 https://www.iee.jp/pes/termb_141/）

表6-3　系統側に設置する大容量エネルギー貯蔵システムの用途（文献[25]の表より抜粋して筆者翻訳）

用途	時間スケール	再生可能エネルギーに対する便益	エネルギー貯蔵システムの種類
時間シフト／裁定取引／負荷平準化	数時間~数日	日中の負荷曲線との不一致に対する対応	NaS電池、空気圧縮貯蔵、揚水発電、レドックスフロー電池
季節間シフト	数ヶ月	年間を通じた再エネの利用、低日照期などにおける従来型電源依存度の軽減	水素貯蔵、ガス貯蔵
負荷追従／出力変化（ランプ）対応	数分~数時間	需要逼迫時の再エネ出力の予測困難性を緩和	各種蓄電池、フライホイール、揚水発電、空気圧縮貯蔵、レドックスフロー電池
電力品質および安定度	1秒未満	再エネの制御困難な変動性に起因する電圧安定性の低下や高調波の緩和	鉛蓄電池、NaS電池、フライホイール、揚水発電
周波数制御	数秒~数分	再エネ出力の時々刻々とした制御困難な変動性の緩和	リチウムイオン電池、NaS電池、フライホイール、可変速揚水発電
瞬動予備力	~数十分	予測誤差発生時に出力を加減することにより、再エネ出力の予測困難性の緩和	揚水発電、フライホイール、各種蓄電池
二次予備力	数分~数時間	深刻かつ長時間持続する再エネ出力の低下の際に一定の電力を供給	揚水発電
送電網の有効利用	数分~	送電コストの減少、再エネ電源の地域偏在の緩和	リチウムイオン電池
孤立系統支援	数秒~数時間	再エネ電源の変動性および予測困難性を緩和するための時間シフトおよび電力品質改善	鉛蓄電池
緊急時の電力供給／ブラックスタート	数秒~数時間	再エネ電源に対する便益はないが、ブラックスタート容量を提供可能	鉛蓄電池

るには、現在議論が進む需給調整市場の整備や、北米のようなアンシラリーサービス市場の設立など、市場での価値付けを透明性高く行えるような制度設計のあるべき姿の議論を進めることが望ましい。

　更に、ある便益を得るためにどのような技術を選択すべきかは、エネルギー貯蔵システム同士の比較だけでなく、他の柔軟性供給源とのコスト比較を行うことが望ましい。

第6章　脱炭素に向けたエネルギー貯蔵の役割　　133

6-5-3　レジリエンス、リスクマネジメントと費用便益分析

　昨今はレジリエンスの名の下、災害対策用と称した蓄電池の導入促進や補助金の付与も見られるが、本来、災害対策といったリスクマネジメントこそ、災害の発生確率や規模、対策効果（便益）などを定量化することが望まれる。事実、リスクマネジメントに関する日本産業規格JIS Q 31000-2020（原典は国際規格ISO 31000：2019）にも、

　　・最適なリスク対応の選択肢の選定には、目的の達成に関して得られる便益と、実施の費用、労力又は不利益との均衡をとることが含まれる [26]。

と、便益の評価が明記されていることは、エネルギー分野ではあまり知られていない。災害対策だけでなく気候変動も今や人類全体のリスクマネジメントの一部であり、来るべき将来のリスクに備える時こそ、冷静な定量評価による合理的意思決定が望まれる。

6-6　まとめ

　本稿では、脱炭素を目指すエネルギー転換に際してエネルギー貯蔵システムがどのような役割を持つかについて解説した。まず、再生可能エネルギー大量導入に向けて国際的に議論が進む「柔軟性」と「セクターカップリング」の概念を紹介し、柔軟性の選択肢の一つとしてエネルギー貯蔵の位置付けと優先順位を概観した。また、エネルギー貯蔵システムを含む技術一般の優先順位や要否の意思決定手法について、「費用便益分析」を紹介した。本稿で紹介した「柔軟性」「セクターカップリング」「費用便益分析」の概念なきエネルギー貯蔵システムの安易な導入推進は、たとえ脱炭素や防災を名目としたとしても全体最適設計にはなり得ない。日本でも国際議論に合致した議論が望まれる。

　日本は長らく「ものづくり」国家として要素技術の研究開発を得意としてきた。しかし、それらの技術をどのタイミングで何を目的として導入すべきかは、必ずしも開発者側の都合や熱意だけでなく、全体最適設計を志向した合理的な社会的意思決定が必要であり、科学的根拠に基づく定量評価が望ましい。本稿が、技術開発の優先順位と科学的な意思決定の方法論を理解する上での一助となれば幸いである。

参考文献

[1] 首相官邸：第二百三回国会における菅内閣総理大臣所信表明演説（2020.10.26）

[2] International Energy Agency（IEA）：Net Zero by 2050 – A Roadmap for the Global Energy Sector（2021）．

[3] International Renewable Energy Agency（IRENA）：World Energy Transitions Outlook：1.5℃ Pathway（2021）．

[4] 経済産業省：2050年カーボンニュートラルに伴うグリーン成長戦略，2020年12年25日

[5] 日本政府：第6次エネルギー基本計画（2021）

[6] IEA：Harnessing Variable Renewables（2011）

[7] IEA：Status of Power System Transformation 2019 – Power system flexibility（2019）．

[8] エネルギー経済研究所：豪州：再エネ＋エネ貯蔵の導入が拡大，蓄電池価格の低下も追い風（2018）https://eneken.ieej.or.jp/data/7509.pdf

[9] IEA Wind Task25：ファクトシートNo.1風力・太陽光発電の系統連系，NEDO（2021），https://www.nedo.go.jp/content/100923371.pdf

[10] Danish Energy Agency：デンマークの電力システムにおける柔軟性の発展とその役割，State of Green（2021），https://stateofgreen.com/jp/uploads/2021/11/DEAレポート日本語版.pdf

[11] 九州電力送配電：エリア需給実績（2022年1月31日更新）https://www.kyuden.co.jp/td_service_wheeling_rule-document_disclosure

[12] Y. Yasuda et al.：C-E（Curtailment – Energy Share）Map: An Objective and Quantitative Measure to Evaluate Wind and Solar Curtailment, Renewable & Sustainable Energy Reviews Vol. 160（2022）112212, doi.org/10.1016/j.rser.2022.112212

[13] IEA：Technology Roadmap of Energy Storage（2014）

[14] Energinet & Danish Energy Agency: Technology Data for Energy Storage, ver.0002（2019）

[15] B. K. Sovacool et al.: Actors, business models, and innovation activity systems for Vehicle-to-Grid （V2G） technology： A comprehensive review, Renewable & Sustainable Energy Reviews, Vol. 131（2020）109963. doi.org/10.1016/j.rser.2020.109963

[16] European Wind Energy Association（EWEA）：風力発電の系統連系～欧州の最前線～, 日本風力エネルギー学会（2012）,http://www.jwea.or.jp/publication/PoweringEuropeJP.pdf

[17] T .Ackermann編著：風力発電導入のための電力系統工学，オーム社（2013）.

[18] IEA Wind Task25：「風力発電が大量に導入された電力系統の設計と運用」第1期最終報告書，日本電機工業会（2012）, http://jema-net.or.jp/Japanese/res/wind/shiryo.html

[19] IEA Wind Task25：ファクトシート No.7風力発電と電力貯蔵，NEDO（2020）, https://www.nedo.go.jp/content/100923377.pdf

[20] Electric Power Research Institute（EPRI）：Electricity Energy Storage Technology Options － A White Paper Primer on Applications, Costs, and Benefits（2010）.

[21] 安田陽：世界の再生可能エネルギーと電力システム～経済・政策編, インプレスR&D（2019）.

[22] A. E. ボードマン他：「費用・便益分析 – 公共プロジェクトの評価手法の理論と実践」, ピアソン（2004）.

[23] T. F. ナス：「費用便益分析 – 理論と応用」, 勁草書房（ 2007）

[24] 高橋雅仁他：卒FITの住宅用太陽光発電の活用方策に関するユースケース分析 – ヒートポンプ給湯機を用いたPV自家消費の有用性 –, 電力中央研究所報告, C19001（2019）.

[25] International Electrotechnical Commission（IEC）：White Paper on Grid integration of large-capacity Renewable Energy sources and use of large-capacity Electrical Energy Storage（2012）.

[26] 日本産業規格：リスクマネジメント – 指針， JIS Q 31000（2020）.

第7章　再生可能エネルギー大量導入による慣性問題

◎初出：エネルギーと動力, 2022年春季号, pp.21-31 (2022)

　本解説論文は、『エネルギーと動力』という従来技術の技術者を主たる読者層とする専門誌からご依頼をいただき、寄稿したものです。

　本章の内容は、本書の中でも群を抜いて超専門的で、この分野の専門家以外には超難解に聞こえるかもしれません。すみません。…と最初に正直にお断りしておきます。

　しかしながら、ここでぜひ読者のみなさまにお願いしたいことは、「慣性問題ってなんだか難しいからいいや…」と敬遠するのではなく、「なんだか難しい」問題だからこそ、わからないながらもある程度ざっくりとその「構造的問題」と「提案された解決手法」に関心を持って情報を収集していただきたい、という点です。そうでないと、難解で多くの人が無関心であるが故に、国際動向や最新の科学的知見と乖離した日本独自のガラパゴス議論が進みやすくなるからです。

　難解な専門用語で煙に巻かれ、「だから再生可能エネルギーは入らない」というステレオタイプな言説に絡めとられないよう、専門的な内容そのものだけではなく「構造的問題」について細心の注意を払う必要があります。

7-1　はじめに

　2021年は有力な国際機関から脱炭素関係の報告書が矢継ぎ早に発表されたという点で、脱炭素のエポックメイキングとも言える年であった。2021年5月には国際エネルギー機関（IEA）から"Net Zero by 2050"という報告書が公表され[1]、翌6月には国際再生可能エネルギー機関（IRENA）から"World Energy Transitions Outlook"という名の報告書が発刊されている[2]。

　これらの報告書では、2050年の電源構成における再生可能エネルギーの比率が約9割に達するとの見通しが提示され、文字通り「再生可能エネルギー超大量導入時代」が国際社会で現実味を持って議論されている。

　本論文では、再生可能エネルギー超大量導入時代を支える電力系統の運用上の課題として現在最も注目されている慣性問題inertia issueについて解説する。

　図7-1は、米国電気電子学会（IEEE）、電気学会の論文および経済産業省が公表した資料において、「慣性」の語を含むものの出現頻度が2010年以降どのように推移したかを示すグラフである（電力系統における慣性問題に関わる論文・資料を検索するため、検索語は"系統＋慣性"（"grid ＋ inertia"）とし、明らかに分野違いのものは目視で除外した）。

　図から三者の傾向の違いが明確に見てとれるが、IEEEでは2010年代初頭から一貫して「慣性」関係の論文が毎年数十件報告され、2020年以降は500件前後となっている。一方、日本の電気学会では2010年代初頭は数件しか報告されなかったものが2010年代後半からは数十件に増えていることがわかる。更に、経済産業省では2016年までは「慣性」が登場する資料はほぼゼロであったものが2017年以降急速に増えており、この問題が2017年以降にわかに政策的議論の俎上に上ったことがグラフから読み取れる。

図7-1 IEEE、電気学会、経済産業省における「慣性」の出現頻度の推移（文献[3],[4],[5]のデータより筆者作成）

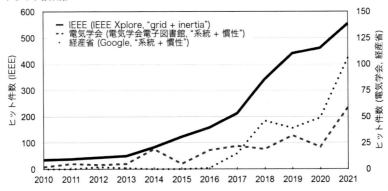

　本論文では、慣性問題に関する議論の国際動向を紹介し解説する。まず7-2節において、慣性問題が顕在化する背景となった再生可能エネルギーの大量導入について、国際動向を短く概観する。続く7-3節では慣性問題の基礎理論と基本情報について述べ、7-4節にて慣性問題を解決するために現在国際的に実施・提案されている手法について紹介する。

7-2 脱炭素の主役技術としての再生可能エネルギー

　図7-2は、IEAの報告書で提示された「ネットゼロ排出シナリオ」における電源構成（発電電力量）の将来見積もりの推移を円グラフで示したものである。電源構成に占める再生可能エネルギーの比率は、図に示す通り2030年に61%、2040年に84%、2050年には88%という見通しが試算されている。その中でも特に風力と太陽光がそれぞれ約35%となり、最大電源となることが予想されている。同様に、図7-3にIRENAによる将来の電源構成の見通しを示す。

　これらの見通しを発表したIEAとIRENAの両者は、科学的エビデンスに基づき情報収集・分析をする傍ら、その報告書には同機関に出資する各国政府の意向も少なからず入るため、これら両機関の報告書に書かれてある内容は「現段階で相当に国際合意形成が進んだ国際共通認識」と見ることができよう。国際合意形成を促進するための異なる二つの国際機関が、良い意味で競い合いながら異なるモデルや方法論を用いて同じような結論に達するという点は興味深い。このように、国際議論では2050年には電源構成における再生可能エネルギーの比率が約9割に達するという再生可能エネルギー超大量導入時代が描かれている。

図7-2 IEAによる将来の電源構成の見通し（文献[1]のデータより筆者作成）

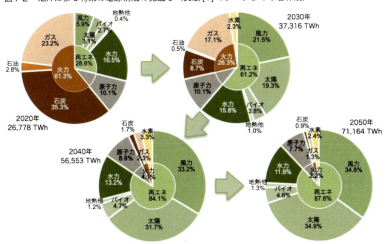

図7-3 IRENAによる将来の電源構成の見通し[2]

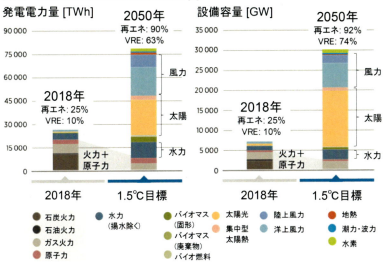

第7章 再生可能エネルギー大量導入による慣性問題 | 143

7-3　慣性問題

　前節で概観した通り、2050年に再生可能エネルギーの比率が約9割という、来るべき再生可能エネルギーの超大量導入時代に向けて、電力系統の設計や運用のあり方が国際的に議論されている。その中で最も注目されているもののひとつが慣性問題である。

7-3-1　慣性問題とは？

　風力や太陽光といった変動性再生可能エネルギーVRE（Variable Renewable Energy）の多くは、電力系統側から見るとインバータやコンバータを介して系統と繋がっており、これは従来の同期発電機synchronous generatorと区別して非同期発電機asynchronous generatorと呼ばれる。

　図7-4は、慣性問題を説明するための図である。同期発電機は堅牢なチェーンで電力系統に繋がっている一方、非同期発電機はチェーンではなくゴムベルトで繋がっており、系統全体の周波数の変動には受動的に対応できるものの、系統周波数の急変を緩和するように電力系統に貢献することは難しい。

図7-4　同期発電機と非同期発電機の説明図 [6]

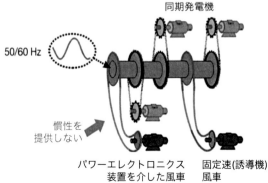

電力系統に地絡や短絡等の事故があった場合に、需給のバランスが一時的に崩れ系統周波数が急変するが、これに対して大規模電源（水力・火力・原子力）の同期発電機の回転質量がもつ慣性によって周波数の急変が自動的に緩和する（図7-5実線）。しかし、風力発電や太陽光発電などの分散型電源の多くはパワーエレクトロニクス装置を介して電力系統に連系しているため、従来の同期発電機と同じ能力を持たず、特に系統事故時の周波数急変に対して慣性応答を供給できない。

図7-5　系統事故時の周波数変動と慣性の影響

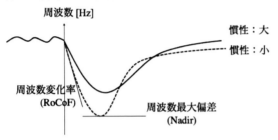

　VRE大量導入により電力系統内に慣性を持つ同期機が相対的に減ると、系統事故時に周波数変化率RoCoF（Ratio of Change of Frequency）が増大し、周波数最大偏差Nadirも悪化する（図7-5鎖線）。このNadirが定められた安全限界を越えると、他の同期機が連鎖的に解列して最悪の場合はブラックアウトに至る可能性もある。このように、VREの大量導入が進むと、将来、系統安定度stabilityが低下するという問題が指摘されている。これが慣性問題である。

　VREが大量に導入されつつある欧州では、この問題にいち早く対応してきた。例えば欧州委員会が出資するMIGRATEプロジェクト（正式名称the Massive Integration of Power Electronic Devices（パワーエレクトロニクス機器の大規模連系）と名付けられた大型研究プロジェクト）は、図7-6のような概念図を提案している。図に示す通りパワーエレクトロニクス電源（すなわち分散型電源）の導入率が増えると相対的に同期発電機が減るため電力系統の安定度が徐々に低下し、ある閾値を超えると系統安定度の許容範囲を下回ることが予想される。

図 7-6 パワーエレクトロニクス電源大規模導入時の系統安定度の概念図（文献 [7] を元に筆者作成）

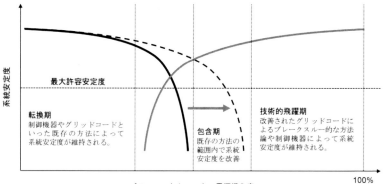

この図では、横軸がパワーエレクトロニクス電源導入率で示されているが、これはVRE導入率と読み替えても差し支えない。VREの導入が進むにつれ（系統の状況によってさまざまだが、概ねVRE導入率30〜50%程度）、系統安定度は徐々に低下し、最大許容安定度を割り込むことが予想される。このような包含期では既存の技術や制度の範囲内で系統安定度を改善する方法論が複数提案され、既にアイルランドなどでは先行して実施されている（7-4-1〜7-4-3項で詳述）。

7-3-2　慣性問題と同期エリア

また、更にVRE導入率が進むと（概ね50%以上）、既存の方法の範囲内での対応では困難になり、新しい飛躍的技術や制度の導入が必要となってくる。これについては7-4-7項で詳述する。

なおここで、「VRE導入率」という場合、国ごとの導入率や一般送配電事業者のエリアごとの導入率ではないことに留意が必要である。なぜなら、慣性問題は同期エリアsynchronous area/synchronous zoneごとに考えなければならず、これはある国やある送電事業者の制御エリアcontrol area/control zoneとは異なるからである。

例えば、ドイツ一国のVRE導入率を見て慣性問題を指摘するのは不適切であり、この場合は欧州大陸全体の巨大な同期系統（旧UCTEエリア

に相当する）全体で考えなければならない。同様に、日本全体で慣性問題を考えるのも不適切で、日本の中の同期エリアとして、北海道、東日本（東北＋東京）、中西日本（中部＋北陸＋関西＋中国＋四国＋九州）の3エリアごとに分けて考えなければならない。日本では従来、異なる電源周波数で2地域に分けるか、一般送配電事業者の管区エリア（＝制御エリア）で10地域（本土では9地域）に分けるかという考え方が支配的で、「同期エリア」という概念自体がこれまで希薄であったことは否めない。慣性問題を考える上ではこの点を十分留意する必要がある。

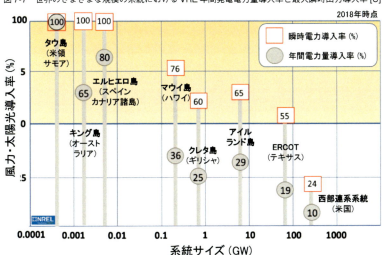

図7-7 世界のさまざまな規模の系統におけるVRE年間発電電力量導入率と最大瞬時出力導入率[8]

　図7-7に世界の主な同期エリアの系統サイズとVRE導入率の状況を示す。同図では、2つのVRE導入率が示されており、前者は最大瞬時出力（kW）の導入率（図中四角囲み）、後者は年間発電電力量（kWh）の導入率（図中丸囲み）を示している。横軸は対数軸でとった系統サイズであり、図の左に行くほど小さな離島系統、右に行くほど巨大な大陸大の系統となる。世界では既に再生可能エネルギー100％や超大量導入を実現した系統も存在するが、それらは主に小規模な離島で実証実験的に行われているものである。一方、アイルランド島は島としては比較的大きいが、単独の同期エリアとしては小規模であり、このような系統でVREの

導入率が高くなると慣性問題が顕在化する。

7-3-3　慣性問題と「慣性力」、「同期化力」

　ところで、上記の慣性問題を論ずる際に、日本では政府文書などで「慣性力」という用語が散見されるが、結論から述べるとこれは学術的には誤用である。

　慣性力 inertia force は物理学などの分野で用いられる用語であり単位は N（ニュートン）で次元（ディメンション）は MLT^{-2} である。一方、電力系統における慣性問題で議論となるのは、慣性の持つエネルギーであり単位は W・s（ワット秒）で与えられることが多く、次元は ML^{2}T^{-2} である。後述する同期慣性応答（SIR）という指標も、慣性の持つエネルギーを指している。慣性問題を正しく理解するには、まず正しい用語を用いることから始めなければならない。表7-1に慣性問題に関する物理量の単位と次元の一覧を示す。

表7-1　慣性問題に関する物理量の単位と次元

物理量	英語名	単位	次元
位相角	phase angle	rad	——
長さ	length	m	M
質量	mass	kg	K
時間	time	s	T
電流	current	A	A
仕事率（パワー，電力）	power	W	ML^{2}T^{-3}
エネルギー（電力量）	energy	J	ML^{2}T^{-2}
慣性力	inertia force	N	MLT^{-2}
慣性モーメント	inertia moment	kg·m^2	ML^2
慣性定数	inertia constant	N·m·s	ML^{2}T^{-1}
慣性定数（単位法）	(per unit)	s	T
同期化力	Synchronising power	W·s	ML^{2}T^{-2}
SIR (Synchronous Inertia Response)		W·s	ML^{2}T^{-2}

　同様に、日本では慣性問題を論ずる際に、同期化力 synchronising power

も同時に議論されることが多い。しかし、同期化力は本来、一機無限大母線を想定した同期発電機の単純モデルを想定した議論であり、同期発電機の有効電力の位相角曲線の偏微分として与えられる。

同期化力はある発電機が接続する母線で事故が発生した際の当該発電機の応答を調べる際に有効であるが、系統全体がロバスト（無限大母線として模擬が可能）であることが前提であり、複雑な構成の系統内の遠い事故点やVREが大量導入され系統全体で慣性が低下した系統に対しては、単純な方程式や数値で表現することはできないことに留意が必要である。

7-3-4 慣性応答の指標

現在、慣性問題に関して先行する各国で用いられている慣性応答の指標としては、主にアイルランドで用いられているSNSP（System Non-Synchronous Penetration）と、主に米国テキサスおよび英国で用いられているSIR（Synchronous Inertia Response）が挙げられる。いずれもあるエリアで単一に与えられる静的な値でなく、時々刻々と変動する値（通常は1時間値）である。

SNSPは、小規模同期系統でありながら風力発電の大量導入が進むアイルランド島（アイルランド共和国＋英国北アイルランドからなる同期エリア）において2010年頃から用いられている指標であり、以下の式で表される。

$$\text{SNSP} = \frac{\text{VRE出力[kW] + 直流連系線輸入 [kW]}}{\text{需要 [kW]}} \times 100$$

図7-8に2010年時点におけるアイルランドのSNSPの実測値を示す。アイルランドはVRE導入率が2011年時点でも15.0%あり（2020年は36.3%）[10]、当時からSNSPが最大で50%近くに達していたことがわかる。SNSPが大きくなるということは、系統の慣性が低下していることを意味する。SNSPが大きくなる時間帯の対処方法は、7-4-1〜7-4-3項で後述する。

第7章　再生可能エネルギー大量導入による慣性問題 | 149

図7-8　2010年のアイルランド島におけるSNSP実測値[9]

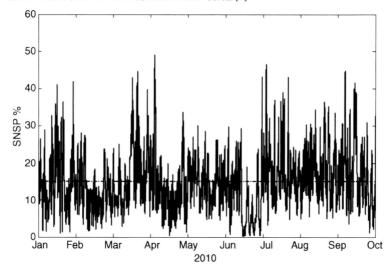

　一方、SIRは米国テキサス州の独立送電系統事業者ERCOTで用いられる手法であり、近年は英国やアイルランドでも用いられている。SIRは、次式のように系統内の同期機iの持つ慣性定数Hi［s］と設備容量Si［MW］の総和で求められる。

$$\mathrm{SIR} = \sum_i^n 設備容量\, S_i\,[\mathrm{MW}] \times 慣性定数\, H_i\,[\mathrm{s}]$$

　なお、慣性定数は文献によっては角運動量と同じ次元ML^2T^{-1}を持つ物理量で表される場合もあるが、表7-1で示した通り、この式では単位がs（秒）、次元がTの単位法（per unit法）で用いられるパラメーターであることに注意が必要である。

　図7-9に米国ERCOTにおけるSIRのモニタリングと予測の例を示す。ERCOTではこのように時々刻々と変動する系統内のVRE出力とそれに伴う同期発電機の運転状況をモニタリングしながらSIRを計測し、また数時間先の予測を行なっている。

　米国ERCOTおよび英国National GridにおけるSIR指標のモニタリングや予測に関して、日本語で読める文献としては文献[12]も参照のこと。

図7-9 米国ERCOTにおけるSIRモニタリング例[11]

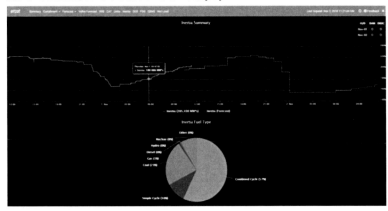

7-4　慣性問題の解決方法

　慣性問題は、VREの超大量導入に伴って徐々に顕在化する問題である。しかし、VREの大量導入が進む欧州では、既に将来顕在化する問題に向け課題の洗い出しと解決方法の提案、研究開発が進んでいる。

　本節では、海外で既に提案され実系統で導入されている慣性問題の緩和・解決方法（7-4-1〜7-4-4項）と、現在の技術の延長で導入可能な緩和策（7-4-5〜7-4-6項）、および現時点ではまだ研究・実証機段階であるが近い将来実用化・商用化が期待される技術（7-4-7項）に分けてそれぞれ解説する。

7-4-1　出力抑制

　VREの大量導入が進み、一時的にVRE出力が増大し相対的に系統内の同期発電機の出力が低下した際（すなわちSNSPが大きくなった時に）、最も簡単かつ低コストで今すぐ実施可能な手段は、出力抑制curtailmentである。

　図7-10に示す通り、アイルランドでは既に2010年の段階から、SNSPが一定の比率（2010年代初頭の段階で50%）を超えないような運用ルールが設定されていた[13]。

　風力発電の出力が多く需要が低い時などSNSPの比率が大きくなる時間帯では、系統内の慣性不足を回避するために、風力発電を出力抑制することがアイルランド共和国の送電系統運用者TSO（Transmission System Operator）であるEirGridおよび北アイルランドのTSOであるSONIの系統運用ルールで定められ、実施されている。図7-11にSNSP増大時の出力抑制の事例を示す。図では、3〜6時の時間帯で風力発電の瞬時電力導入率（SNSPに相当。紫色の曲線）が50%を超えないよう出力抑制が指令されていることがわかる（図中矢印部分）。

図7-10 アイルランドにおけるSNSPの許容範囲（2010年時点。文献[13]を元に筆者作成。各領域の名称は筆者が読者の理解のために付けたもので、文献[13]で用いられたものではない）

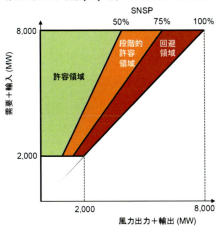

図7-11 アイルランドにおけるSNSPが増大した場合の出力抑制の事例[14]

　EirGridおよびSONIはその後、2011年よりDS3 Programmeというプロジェクトを立ち上げ、このSNSPの許容領域を50%から段階的に向上させ、2021年までに75%にまで上昇させる計画を立てた（図7-12）。図に

見られる通り、点線で示された試験運用も含め、許容されるSNSPが段階的に引き上げられていることがわかる。このプロジェクトにおける具体的な対策は、①風力発電機の擬似慣性vertical inertiaの実装、②周波数変化率（RoCoF）要件の設定変更である。これらについては次の7-4-2項および7-4-3項で述べる。

このDS3 Programmeは成功裡に進展し、図7-12に見るように当初計画通り2021年にはSNSPの上限値を75%にまで上昇させることができた。しかし、SNSPの上限値を超えた場合は風力発電を出力抑制するため、2020年は抑制率（発電電力量に対する抑制電力量の比率）が10%を越え、系統安定性維持と出力抑制の緩和の両立が課題となってきている[10],[16]。

図7-12　アイルランドのDS3 Programmeの実績[15]

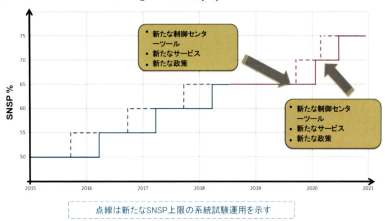

EirGridおよびSONIは、新たにLCIS（Low Carbon Inertia Services）という名のプロジェクト（運用サービス）を立ち上げ、SNSPの上限値を2030年までに95%にまで引き上げる計画を立てている（図7-13）。

7-4-2　擬似慣性

前項で紹介したアイルランドのDS3 Programmeでは、SNSPの上限値を向上させるための技術の一つとして、擬似慣性を採用している。

擬似慣性は合成慣性synthetic inertiaとも呼ばれ、従来慣性を提供しな

図7-13 アイルランドの2030年に向けた取り組み [16]

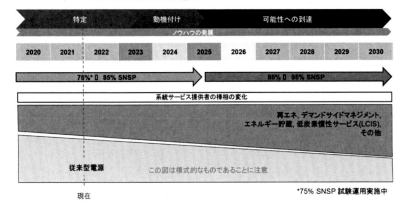

いと言われていた風車でもコンバータのインテリジェントな制御によって、擬似的に同期発電機の慣性応答と同じような動作を行わせようという制御方式である。

慣性応答に必要な短時間のエネルギーは風車のロータが持つ回転エネルギーを利用できるため、この擬似慣性は2010年代から技術的に開発が進み、現在製造されている殆どの風車に実装されている。擬似慣性については2010年代初頭の段階で既に、以下のように言及されている[17]。

・慣性応答をもつ風車がいくつかのメーカから提供されている。ガバナ応答とは異なり、慣性応答はより高速で過渡的な性質をもつ。したがって、この特性を用いることで発電電力量が制限されるという不利益は発生しない。

・風車の慣性応答は同期機のものまねではない。ほとんどの系統で重要な尺度となっている周波数低下の程度を制限する優れた性能が、風車制御により提供することが可能である。

・系統上の他の電源の慣性応答のみならず、従来型電源のガバナ応答とも協調できるように応答を調整することが望ましい。慣性応答を調整できるということは（慣性応答をしないという選択肢も含めて）、系統安定度の管理に新たなツールが加わることを意味している。

風力発電の擬似慣性に関して日本語で読める技術的文献としては[18]

も参照のこと。

　この擬似慣性による慣性問題の緩和については、日本の電力システムを対象にした研究も行われており、系統安定度を維持しながら2030年に再エネ導入率40%を達成可能であることが示されている[19],[20]。

　なお、擬似慣性は、風力発電のように短時間の回転エネルギーを利用できない太陽光発電でも、小容量のエネルギー貯蔵装置を併用することにより適用可能である。例えば文献[21]では、ドイツで想定される最大の系統事故に備えるために太陽光からの擬似慣性に必要なキャパシタの容量は、太陽光1kWに対しキャパシタ5W（エネルギー容量で50J）と試算されている。

7-4-3　周波数変化率（RoCoF）要件の閾値変更

　前項の擬似慣性と合わせて有効な手段は、既に系統内に設置されている周波数変化率（RoCoF）リレーが動作する閾値を変更することである。

　RoCoFリレーは、万一の電源脱落や系統事故時に系統周波数変化率を検知して動作し、負荷側の一部を遮断して需給バランスを取って大規模停電を防ぐための保護装置である。しかしながら、VRE大量導入により系統の慣性が低下し、万一の大規模電源脱落の際にRoCoFも大きくなることが予想される（図7-5参照）。EirGridおよびSONIは、2011年の段階で0.5Hz/sであったRoCoF要件の閾値を2019年第3四半期から1.0Hz/sに試験的に変更し[15]、2022年から本格導入している[16]。これにより、SNSPの上限値を2030年までに95%にまで引き上げる計画を立てている。

7-4-4　同期調相機

　同期調相機[1]は古くからある技術であり、無効電力補償装置SVC（Static Vac Compensator）などのパワーエレクトロニクス装置が開発される以

---

1. 同期調相機：同期電動機と同じ構造を持つが、無負荷で運転される（すなわち発電しない）。無効電力を供給して電力システムの安定度を保つために用いられる。回転機であるため、系統慣性の維持にも貢献する。

前には、無効電力補償や系統安定化のために重要な役割を担っていた。1970年代以降のパワーエレクトロニクス装置の導入によりその役割は徐々に終えたかに見えたが、21世紀の再生可能エネルギー大量導入時代を迎え、再び脚光が当たっている。

同期調相機は無負荷の同期電動機であり、廃炉になった原子力発電所の発電機を同期調相機に転用した例もある。例えば米国のZion原子力発電所では、1997年の廃炉後、2機の発電機が400MVar×2の同期調相機として転用され、11年間運用された。またドイツのBiblis原子力発電所の1,200MWの発電機が同期調相機に転用されている。更に、慣性問題や無効電力の問題を緩和するために、原子力発電所を同期調相機に転用した場合の研究も欧州および米国で進んでいる [22],[23]。

更に、世界の主要重電メーカーも再生可能エネルギー大量導入時の系統安定化のために、最新の同期調相機の開発を進めている [24]-[26]。

7-4-5　同期機の多数台部分負荷運転

慣性問題に対する解決方法としては、日本でも議論が進み、前述の擬似慣性や同期調相機のほか、同期機の多数台部分負荷運転やM-Gセット（次項で詳述）が提案されている [27],[28]。

図7-14　同期発電機の多数台運転 [27]

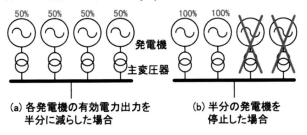

例えば図7-14のように4台の同期発電機がある場合に再生可能エネルギーの導入によって半分の発電機を停止した場合（図7-14（b））、系統セキュリティ（特に系統安定度と電圧維持能力）が低下してしまうのに対し、各発電機の有効電力出力を半分に減らした場合（図7-14（a））はセ

キュリティ（特に系統安定度と電圧維持能力）を維持することができる。このような運用は各発電機の発電効率と経済性を低下させてしまうため、最適運用にはならないが、将来、適切なアンシラリーサービスの価値を市場で価値付けすることができれば、有用な方策となる。

7-4-6 M-Gセット

文献[27]では、図7-15のようなM-Gセットを用いた大規模再生可能エネルギー発電所の系統連系が提案されている。このM-Gセットは、電力系統側から見ると同期発電機として扱うことができるため、慣性、同期化力、電圧維持能力、短絡容量の全てを維持することが可能である。

図7-15　M-Gセットによる再生可能エネルギー発電所の系統連系[27]

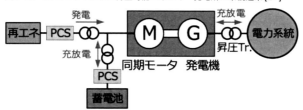

このM-Gセットによる系統連系は、前述の同期機の多数台運転と同様、発電効率と経済性が課題であるため、適切なアンシラリーサービスの価値を市場で価値付けする制度設計が必要となる。

7-4-7　グリッドフォーミングインバータ/コンバータ

本節の最後に、次世代技術として現在世界中で開発が進められているグリッドフォーミングインバータ/コンバータについて解説する。

グリッドフォーミングGFM（Grid ForMing）とは、従来のグリッドフォローイングGFL（Grid FoLlowing）と異なり、慣性、同期化力、電圧維持能力など、回転機である同期発電機が系統に提供できる能力と同様の性能を持つ新しいパワーエレクトロニクス装置である。表7-2に、GFMとGFLの違いを示す。日本語で読めるGFMの技術情報としては、文献

[29]および[30]を参照のこと。

表7-2　グリッドフォーミング（GFM）とグリッドフォローイング（GFL）（文献[29]を筆者一部改変）

	グリッドフォーミング(GFM)	グリッドフォローイング(GFL)
基本性能	系統構築型電源	系統追従型電源
電源特性	電圧源	電流源
同期方式	電圧・電圧位相角特性による同期	位相同期回路(PLL)
オフグリッド運転	可	自立電源が必要
高度な慣性応答	○	×
周波数応答	○	○または×

　米国IEEEで議論されているGFMの性能要件とGFLとの相違点を図7-16に示す。GFM技術は、基本的にインバータ/コンバータの制御技術であるが、図7-17に示すように、ドループ制御や擬似慣性応答、擬似共振応答なども含む電圧源インバータであり、系統から見て従来の同期発電機と同等の系統セキュリティサービスを提供する。GFMの系統シミュレーションや実機による実証試験は、現在、欧州[32]、米国[8]、日本[29],[30]などで競うようにして活発に研究が進められている。

図7-16　IEEEによるGFMの性能要件[31]

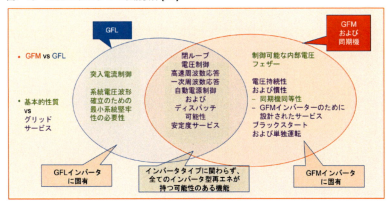

図7-17 GFLとGFMの制御方式 [8]

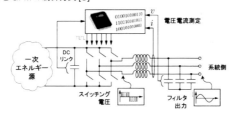

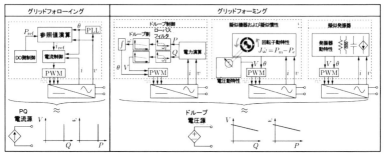

　図7-18および図7-19は、米国再生可能エネルギー研究所（NREL）が提案するGFLによる系統運用のコンセプトおよびGFLの将来展開を示した図である。

　現在の電力系統は多数の同期発電機に対して少数のパワーエレクトロニクス電源（すなわち風力・太陽光といったVRE）が受動的に接続している形であるが（図7-18下図）、将来はパワーエレクトロニクス電源の方が多数を占め、従来型電源である同期発電機は少数となる。その中でGFMインバータ技術が電圧安定性や位相角安定性、周波数安定性などを維持する役割を持つこととなる（図7-18上図）。

図7-18　GFMによる将来の電力系統の運用 [8]

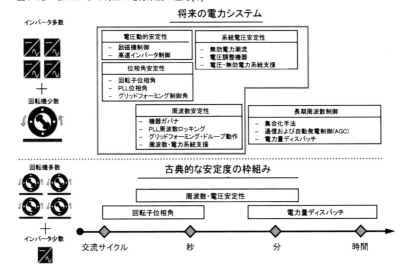

また、このようなGFM技術は図7-19に示すように、マイクログリッドや離島の系統から徐々に導入され、最終的に大規模系統へと段階的に導入が進むことが予想されている。

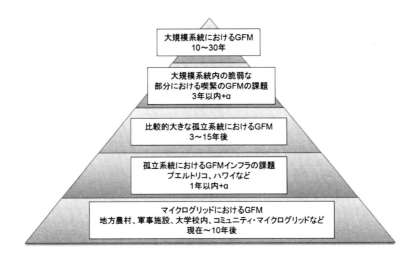

7-5　おわりに

　本論文では、近年日本で急速に話題になっている慣性問題を取り上げ、再生可能エネルギー超大量導入時代に向けた課題とその対応策について解説した。

　冒頭の図7-1で示したとおり、日本では慣性問題が国の審議会レベルで議論されるようになったのはようやくここ数年であり、この問題がにわかに顕在化したかのように捉える人も多いかもしれない。しかし、国際的には10年以上前から研究や実系統での対策が進んでいる議論が成熟したテーマである。

　筆者はIEA Wind TCP Task 25（国際エネルギー機関 風力技術協力プログラム第25部会 風力発電大量導入時の電力系統の設計と運用）の専門委員として、2010年頃より慣性問題をはじめとする再生可能エネルギーの系統連系の国際議論の現場に立ち会う機会を与えられた。また、2010年代初頭より日本風力エネルギー学会（JWEA）の一連の活動として筆者を中心として文献[9],[14],[17]などの翻訳やワークショップを行い、精力的に国際情報の紹介に努めてきた。本論文では、慣性問題についての国際議論の歴史的経緯を辿るため、最新技術の解説論文としては本来取り上げるのに躊躇するような10年前の「古い」資料も敢えて引用したが、それはこの問題についての重層的な国際議論と地道な研究開発の歴史を辿るためでもある。

　国際的な議論においては、慣性問題とは、将来顕在化する課題としていち早く備え今ある技術や制度で工夫したり、イノベーションを惹起し新たなビジネスチャンスを模索するものであり、再生可能エネルギーの導入を否定したり導入速度を鈍化させることを正当化するためのものではない。

　遅まきながら始まった日本における慣性問題の議論が、国際議論から

乖離したガラパゴス的議論に陥るのではなく、国際議論に適合しながら更に日本発の先進的な技術を海外に発信する議論となるために、本論文の情報が些かでも役立つことができれば幸甚である。

参考文献

[1] International Energy Agency（IEA）：Net Zero by 2050 – A Roadmap for the Global Energy Sector（2021）https://www.iea.org/reports/net-zero-by-2050

[2] International Renewable Energy Agency（IRENA）：World Energy Transitions Outlook：1.5℃ Pathway（2021）https://www.irena.org/publications/2021/Jun/World-Energy-Transitions-Outlook

[3] IEEE：Xplore https://ieeexplore.ieee.org/Xplore/home.jsp

[4] 電気学会：電子図書館 https://www.bookpark.ne.jp/ieej/

[5] グーグル：https://www.google.co.jp

[6] IEA Wind Task25：風力・太陽光発電の系統安定度への影響、ファクトシートNo.6、国立研究開発法人 新エネルギー・産業技術総合開発機構（NEDO）（2020）https://www.nedo.go.jp/content/100923376.pdf

[7] MIGRATE – Massive Integration of Power Electronic Devices（2019）https://www.h2020-migrate.eu/_Resources/Persistent/b955edde3162c8c5bf6696a9a936ad06e3b485db/19109_MIGRATE-Broschuere_DIN-A4_Doppelseiten_V8_online.pdf

[8] Y. Lin et al.：Research Roadmap on Grid-Forming Inverters, NREL/TP-5D00-73476, National Renewable Energy Laboratory（NREL）（2020）https://www.nrel.gov/docs/fy21osti/73476.pdf

[9] J. O'Sullivan：Maximizing Renewable Generation on the Power System of Ireland and Northern Ireland, T. Ackermann ed. "Wind Power in Power Systems", second edition, Chapt. 27（2012）【日本語訳】 T. Ackermann編著『風力発電導入のための電力系統工学』、第27章「27.アイルランドの電力系統における風力発電」、オーム社（2013）

[10] Y. Yasuda et al.：C-E（curtailment – Energy share）map：An objective and quantitative measure to evaluate wind and solar curtailment, Renewable and Sustainable Energy Reviews, Vol.160, May 2022, 112212 DOI：10.1016/j.rser.2022.112212

[11] J. Matevosyan：Implementation of Inertia Monitoring in ERCOT – What's It All About?, ESIG（Energy Systems Integration Group）website, Nov. 29, 2018 https://www.esig.energy/implementation-of-inertia-monitoring-in-ercot-whats-it-all-about/

[12] 阪本将太：National Grid ESOによる慣性力計測の取り組みについて（英国）、海外電力、2021.10, pp.37-48（2021）

[13] EirGrid & SONI：All Island TSO Facilitation of Renewables Studies（2010）

[14] M. O'Malley：Wind Integration in Ireland：a National – Effort with International Consequences, 日本風力エネルギー学会系統連系ワークショップ（2012）

[15] EirGrid & SONI：DS3 Programme Transition Plan Q4 2018 - Q4 2020, Dec. 2018

[16] EirGrid & SONI：Low Carbon Inertia Services – Our Plan to procure Low Carbon Inertia Services（LCIS）, Dec. 2021

[17] N. Miller et al.：風力発電所の電気設計, T. Ackermann編著『風力発電導入のための電力系統工学』, 第13章, オーム社（2013）

[18] 松信隆：イナーシャ制御と周波数応答, 風力エネルギー学会誌, Vo.24, No.4, pp.473-477（2018）

[19] 自然エネルギー財団・Agora Energiewende：2020年日本における変動型自然エネルギーの大量導入と電力システムの安定性分析, 日本語版（2018）https://static.agora-energiewende.de/fileadmin/Projekte/2018/Japan_Grid/148_Agora_Japan_grid_study_JP_WEB.pdf

[20] R. Kuwataha et al.：Renewables integration grid study for the 2030 Japanese power system, IET Renewable Power Generation, Vo.14, Iss.8, pp.1249-1258（2020）DOI：10.1049/iet-rpg.2019.0711

[21] E. Waffenschmidt and R. S. Y. Hui：Virtual inertia with PV inverters using DC-link capacitors, 18th European Conference on Power Electronics and Applications（EPE'16 ECCE Europe）, Sept. 2016. DOI：10.1109/EPE.2016.7695607

[22] V. Gliniewicz：Decommissioned Nuclear Power Plant as System Services Providers, Report 2017：348, Energiforsk（2017）

[23] T. Miller：Effects of Converting Nuclear Plants in Midwest to Synchronous Condensers, Thesis of the University of Minnesota（2018）

[24] GE Steam Power：Synchronous condensers, website（最終確認日：2021年4月9日　）https://www.ge.com/steam-power/products/synchronous-condenser

[25] Hitachi：Synchronous Condenser System, website（最終確認日：2021年4月9日）https://www.hitachienergy.com/offering/product-and-system/facts/synchronous-condenser-system

[26] Siemens：Siemens Energy's grid stabilizer technology to help Irish grid exceed renewables penetration limit, Press Release, 4th May 2021 https://press.siemens-energy.com/global/en/pressrelease/siemens-energys-grid-stabilizer-technology-help-irish-grid-exceed-renewables

[27] 北内・永田・花井：現在の電力システムを踏まえた課題と系統安定性維持方策、令和2年電気学会全国大会、H1-1（2020）

[28] 送配電網協議会：同期電源の減少に起因する技術的課題（2021）https://www.tdgc.jp/information/2021/06/16_1600.html

[29] 電力50編集委員会：電力・エネルギー産業を変革する50の技術、オーム社（2021）

[30] 餘利野直人：将来に向けての技術開発事例―単相同期化力インバータ、令和2年電気学会全国大会、H1-5（2020）

[31] J. Matevosyan et al.：A Future With Inverter-Based Resources：Finding Strength From Traditional Weakness, IEEE Power and Energy Magazine, Vol.9, Iss.6, Nov.-Dec. pp.18-28（2021）

[32] A. Jain, et al.：Grid-forming control strategies for black start by offshore wind power plants, Wind Engineering Science, Vol.5, 1297– 1313, 2020, DOI：10.5194/wes-5-1297-2020

第8章　FIT制度導入後の風力発電と電力システムの現状と課題

◎初出：太陽エネルギー, Vol.48, No.4, pp.18-31 (2022)

　本章の論文は、日本太陽エネルギー学会(JSES)学会誌『太陽エネルギー』の「FIT制度開始からの10年を振り返り，今後を展望する」という特集に寄稿した解説論文です。筆者は風力発電と電力システムについて分担執筆致しました。

　日本ではよく「FITは失敗だった」と十分な科学的根拠も提示せず個人的思い込みを込めただけの発言が聞かれます。本稿において筆者は、多くの根拠資料を提示した上で、「後世の諸外国の研究者からは『日本のFIT制度は（風力発電に関しては）失敗した』と評価されてもそれに反論することは難しいだろう」と書きました。また、「これが失敗だと評価されたとしても、それはFIT制度そのものというよりは、他の法令や国内ルールとの不整合性・不調和性に起因するものが多く、既に諸外国が乗り越えてきた知見・経験を十分に活かしきれなかったことが大きな原因だ」とも指摘しました。

　本書編集時の2024年時点で、事態はほとんど改善していないばかりか、本質的な問題がますます巧妙に隠され、重箱の隅を突くようなモグラ叩きゲーム的制度設計の議論がますます加速しているような気がします。

8-1　はじめに

　固定価格買取（FIT：Feed-in Tariff）制度は、国際エネルギー機関（IEA）
の調査[1]によると世界69ヶ国で施行されている再生可能エネルギー支援
制度である。日本では、2012年7月に施行された『再生可能エネルギー
電気の利用の促進に関する特別措置法』[2]によって固定価格買取（FIT）
制度が実施されて以来10年が経過した。この間、太陽光発電は年間発電
電力量ベースで4.8TWh（2011年）から79.1TWh（2021年）と約16倍に
増加し（文献[3]より筆者集計）、目覚ましい発展を遂げている。一方、風
力発電は4.7TWh（2011年）から8.9TWh（2021年）と2倍未満にとどま
り（同筆者集計）、必ずしもFIT制度という強力な政策支援制度の成果が
出たとは言えない状況となっている。

　本論文では、そもそもFIT制度とは何のためにあるのか、本来どうあ
るべき制度なのか、日本ではどのように制度設計・制度運用がなされた
のか、何故日本のFIT制度下で風力発電が伸びなかったのか、について
考察する。併せて、受け入れ側の電力システムの制度や技術についての
動向と課題についても概観する。

8-2　FIT制度導入後の現状

　本節ではFIT制度導入から10年が経過した日本の現状と立ち位置について短く概観する。

　図8-1は2010年以降の再生可能エネルギー電源の普及の経緯を示した図であるが、この図から明らかに太陽光発電のみがFIT制度により導入が促進され、風力発電を含む太陽光以外の再生可能エネルギー電源の普及が相対的に伸びていないことが窺える。

図8-1　2003〜2016年度の再生可能エネルギー電源設備容量の推移 [4]

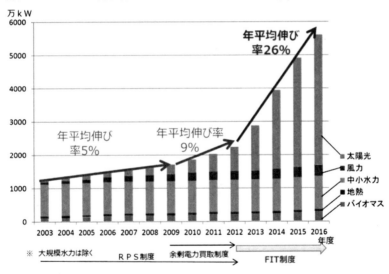

　また、図8-2は日本の風力発電の新規導入量の推移を示したグラフであるが、奇妙なことに、支援政策であるはずのFITが導入された2012年から数年の間、新規導入量が大きく落ち込んでいることが認められる。

　図8-3および図8-4は、欧州でFIT制度を導入した主な国についてFIT施行年を基準とした風力および太陽光発電の導入率（年間発電電力量ベー

第8章　FIT制度導入後の風力発電と電力システムの現状と課題　│　169

図8-2 日本の風力発電の新規導入量の推移 [5]

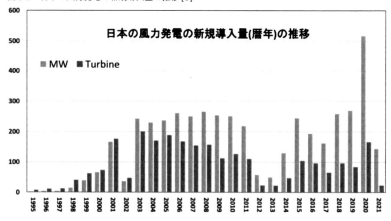

ス）の推移を表した図である（国によってはFIT制度が終了しFIP等別の制度に移行した後の推移も描かれている）。

図8-3 FIT導入後の欧州主要国および日本の風力発電導入率の推移（文献[3]のデータより筆者作成）

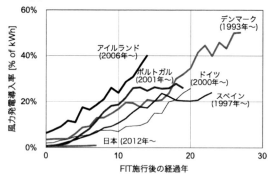

この2つのグラフの国際比較から読み取れることとして、①FITを導入した欧州諸国ではFIT制度導入後5〜10年で風力発電導入率が10%、導入後20年で20%以上に達している、②日本の風力発電の推移は欧州諸国のそれに比較して極めて低い、③日本の太陽光発電の推移は欧州諸国のそれに比較して高い、④日本の太陽光発電の推移は欧州諸国の風力発電の推移に比べて同程度である、が挙げられる。

①の観察結果からは、8-3節で述べる通りFIT制度は再生可能エネ

図8-4 FIT導入後の欧州主要国および日本の太陽光発電導入率の推移（文献[3]のデータより筆者作成）

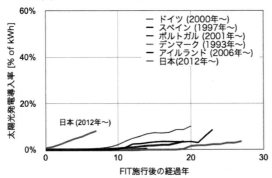

ギーという新規技術の導入を支援するための強力な政策ドライバーであり、欧州諸国の導入の推移はFIT制度の成果が明示的に現れていることを表している。特に図8-3中、デンマーク、ドイツ、ポルトガル、スペインの各国の曲線はグラフの傾きがほとんどゼロになる「踊り場」の時期も有しているが、これはFIT制度が終了（もしくは選択制に移行）し、FIPなど他の制度に移行する過程で一時的に導入が鈍化したことを示している。

また、④の観察結果からは、日本における太陽光の導入速度は決して「急激」「入り過ぎ」の状況ではないことがわかる。日本では国土面積に対する比率で評価するなどあたかも「太陽光は入り過ぎ」かのような印象を与える恣意的な国際比較も見られるが、本来、ある国や地域が消費するエネルギーや電力のうちどれだけCO_2の排出が少ないエネルギー源・電源の比率を上げるかという国際社会の中の責務が問われるべきで、その観点からも導入率の国際比較は重要である。

一方、②の観察結果に関しては、図8-2でも見た通りであるが、FITという本来再生可能エネルギーの強力な支援政策である制度にも関わらず何故日本において風力発電の導入が進まなかったのか？　という疑問が生まれる。本論文では、8-4節以降でその原因を探っていくこととする。

8-3　FIT制度の基礎理論

　本節では、脱炭素の支援政策のひとつとしてのFIT制度の基礎理論について述べる。FIT制度は日本においても導入後10年が経過しているが、日本語で読めるFITの理論書は、文献[6],[7]などの僅かな例外を除いて極めて少ない。「FITは市場を歪める」「FITで補助金をもらって発電するのは不公平だ」などといった本質的な理論から乖離した誤解がメディアやインターネットを通じて広く流布するのも、多くの人に（場合によっては電力・エネルギー産業に携わる人にも）FITの基礎理論が共通理解として共有されていないからではないかと推察される。

8-3-1　何故、脱炭素なのか？

　FITの理論を紹介する前に、まず何故再生可能エネルギーに対する政策支援が必要なのかについて述べる必要がある。国際議論では気候変動緩和（地球温暖化防止）の対策として「脱炭素」や「カーボンニュートラル」が叫ばれるが、これも何故脱炭素やカーボンニュートラルが必要か？　という点にまで遡らなければならない。

　結論から先に言うと、脱炭素を推進する理由は、世界的なブームや精神論的理念ではなく、環境経済学上の理論的帰結である。従来型エネルギー源である化石燃料は大きな外部不経済（負の外部性）を出し続けており、それ故「市場の失敗」が発生している状態であって、効率的な資源配分がなされていない（経済学用語ではパレート最適でない）ためである。

　この点で「FITは市場を歪める」という指摘は経済学的には全くの誤りであることがわかる。FITは市場を歪めるのではなく、逆に化石燃料によって既に歪められている市場を是正するための手段のひとつである。

　なお近年は気候変動ばかりが注目されるが、化石燃料の外部不経済の

影響は気候変動だけではなく、NOxやSOxなどの排出による周辺住民の疾患や早期死亡率の上昇などの健康被害もあり[8]、特に発展途上国を中心に甚大である。

8-3-2　外部不経済の内部化とその手段

　さて、外部不経済の発生など市場の失敗が起こった際に、政府は市場に介入してこれを是正しなければならないが（経済学用語では外部不経済の内部化と呼ばれる）、その手段として直接規制や税、補助金といった手段が選択肢として挙げられる。直接規制は、例えば工場排水中の汚染物質の総量や濃度を規定値以下にするなどを法令で定める、などの手段が取られる。

　また税による内部化としては炭素税が挙げられ、これを理論的に研究したW.ノードハウスは2018年にノーベル経済学賞を受賞した（日本語で読める資料としては文献[9]などを参照のこと）。しかしながら、炭素税はスウェーデンやスイスなど一部の国を除いて産業界の強い抵抗で十分な実施が進んでおらず、2022年3月のロシアによるウクライナ侵攻後は天然ガスの供給不安もあり、炭素税の導入が今後各国で進むかどうかは不透明である。税に変わる手段としては排出権取引といった形で市場を通じて量と価格を決定する方法もあり、排出権取引は炭素税と合わせてカーボンプライシングと呼ばれる。

　さらに、汚染物質を減らす企業や技術に対して補助金を与える方法もあり、これは理論的には税と同じ削減効果を発揮されるとされるが、実際には補助金目当てであらかじめ汚染物質の排出を増やしたり、汚染物質を排出する産業への新規参入者が増えたりといった形で、モラルハザードが起こり得るため、必ずしも税と同等の効果とならない可能性もある。

8-3-3　税・補助金に変わる新たな環境支援政策

　そこで考えられる新たな方法として、汚染物質という負の財（bads）に税をかけたりそれを減らすための技術に補助金を与えたりするのでは

なく、汚染物質を出さない（もしくは排出が著しく少ない）新たな技術から生み出される財（goods）に対して支援を行うという政策が考えられる[10]。FITはこのような支援政策のひとつに位置づけられる。

ここまで議論した外部不経済の内部化の手段を整理すると、表8-1のようになる。なお、後述の通りFIT制度を導入する多くの国ではFITの原資は国庫ではなく電力消費者から広く徴収する賦課金で賄われるため、厳密な意味ではFITは補助金ではない。

表8-1 支援政策と既存の環境政策手段（文献[10]を元に筆者まとめ）

	対象	財の性質	政策目標	政策根拠
支援政策	革新的社会基盤	goods	増大	他財(既存技術)の環境への影響、他財への隠れた補助金の存在
環境税,排出権取引,補助金	既存技術	bads	減少	当該財の負の外部性、環境への影響

図8-5はこのような新たな支援制度が市場の失敗を内部化するための手段として正当性を持つ条件を示したものである。図にある通り、従来電源は見かけ上の発電コストPeが新規技術である再生可能エネルギーの発電コストPrに対して相対的に安く見える場合でも、従来電源には補助金Ssや負の外部コスト（外部不経済）Seが「隠れたコスト」として存在しており、実際の社会的費用は$Pe + Ss + Se$となり、Prより高くなる場合がある。その際、従来電源の社会的費用と再生可能エネルギーの発電コストの差$Pe + Ss + Se - Pr$があることが、政府が市場介入をする（新たな支援政策を行う）正当な理由となる。

8-3-4　何故、再生可能エネルギーなのか？

従来電源の外部不経済を内部化するための（すなわち脱炭素に向けた）さまざま技術が開発されているが、特に日本では原子力や水素、あるいはCCUS（二酸化炭素回収・再利用・貯留）などが政府文書やメディアなどで登場する機会が多い。その中で、脱炭素を実現するための技術と

図 8-5　環境支援政策の条件（文献 [10] を元に筆者作成）

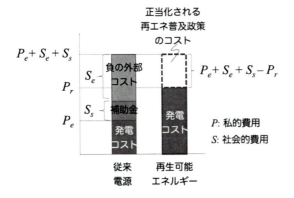

して何故再生可能エネルギーが選ばれるのだろうか？

　図 8-6 は IEA が 2021 年に発行した報告書[11]で示した図であり、2050年までにどのような技術が CO_2 排出削減に貢献するかを試算したグラフである。図から読み取れる通り、さまざまな技術の中で風力と太陽光が圧倒的に群を抜いて CO_2 削減量が多く、また 3 位に電気自動車が挙げられていることがわかる。日本で注目されている水素や CCUS は相対的に低く、全体的な削減量に対しては補助的な技術であると言える。

図 8-6　IEA による要素技術別 CO_2 排出削減量の見通し [11]

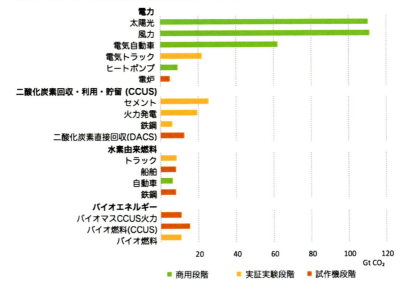

第 8 章　FIT 制度導入後の風力発電と電力システムの現状と課題 | 175

また、同図では各技術の実現可能性が色分けされており、風力・太陽光・電気自動車が既に実用化された技術であるのに対し、水素やCCUSは実証段階ないし実験段階であり不確実性があることが示されている。

同様に、図8-7は国際再生可能エネルギー機関（IRENA）が2020年に発行した報告書[12]に見られる図であり、各技術のコスト範囲が描かれている。ここで横軸のマイナスの数値は純便益を表しており、風力や太陽光はエネルギー効率化（省エネルギー）技術とともに正の純便益をもたらすという試算結果となっている。

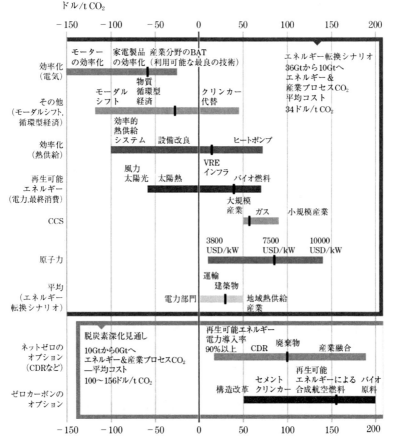

図8-7　IRENAによる各要素技術のコスト便益試算[12]

一方、原子力やCCUSはかけたコストに対して便益が得られず、ネットゼロを実現するためには必要な選択肢のひとつとして挙げられるものの、優先順位は低いことがこのグラフから理解できる。最近では欧州連合（EU）において、原子力発電を低炭素技術のタクソノミー（分類）に含むべきという欧州委員会の勧告[13]を欧州議会の経済金融委員会・環境委員会が否決する[14]など、原子力政策が推進と停滞の間を揺れ動いている。この理由は、原子力が放射性廃棄物処理や事故の懸念や社会受容性という観点だけでなく、試算の条件によっては便益が得られるか得られないかの境界線にある技術であるという、環境経済学上の理由からでもあると理解できる。

　同様の試算結果は、気候変動に関する政府間パネル（IPCC）の第3部会（WG3）第6次統合報告書（AR6）[15]でもさまざまな学術論文のレビューの結果として見ることができる。

　このように、再生可能エネルギー、とりわけ風力発電と太陽光発電はCO_2削減に最も大きく貢献し、かつ正の純便益をもたらすことが各種の学術論文や国際機関報告書で次々明らかになっている。このことから従来電源の外部不経済を内部化するための税や補助金に変わる手段として、再生可能エネルギーが環境支援政策の優先的対象になることが理解できよう。このような萌芽的な新しい技術に対して、発電した電力を固定価格で買い取り事業予見性を高めて普及を促進させることが固定価格買取（FIT）制度の目的である。

8-3-5　FITの便益

　FITはその買取価格総額の大きさ（2022年度における想定：約4.2兆円）や標準需要家モデル負担額（2022年度における想定：月額873円[16]）が繰り返し強調され、「国民負担」という表現が喧伝されがちであるが、同時に便益も生み出すことは見落とされがちである。

　例えば図8-8は経済産業省の、図8-9は環境省のFIT買取費用および負担総額の試算を示したものである（試算年が異なるため、絶対値が若干

図8-8 経済産業省によるFIT買取総額の予測（2017年）[4]

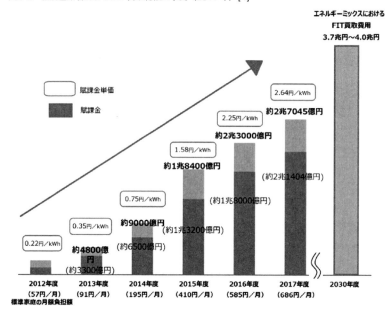

図8-9 環境省によるFIT負担金額合計の予測（2015年）[17]

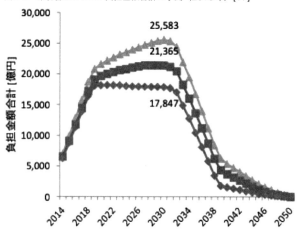

異なる）。図8-8の経済産業省による試算では、2030年までで試算の表示が終わっており、あたかもFITの負担総額が更に単調増加するかのような拡大解釈を容易に許す作図となっている。一方、図8-9の環境省によるグラフでは2050年までの試算が提示されており、2030年代より負担金額

合計（賦課金総額）が急速に減少する予想が示されている。

　図8-9の環境省によるグラフからは、FIT制度が一見「国民負担」に見えるかもしれないが、それも2010〜2030年代の限られた期間での支援政策であるということが視覚的に理解できる。しかも、そもそもFITは従来電源が発生した外部不経済を内部化するための手段であり、2030年以降は歪んだ市場を改善するための「負担」も減り、次世代に便益が顕在化することが図から示唆される。

　さらに、FITによる便益は、決して次世代になって初めて顕在化するものでもなく、現世代に便益が全くもたらされないものではない。例えば図8-10に示すような統計実績からは、2019年度の時点で既に電力部門CO_2排出量の削減やエネルギー自給率の向上といった具体的な数値としてFITによる便益（の一部）が観測されている。FITによる便益は、ドイツでも既に2010年代に観測されている[7]。

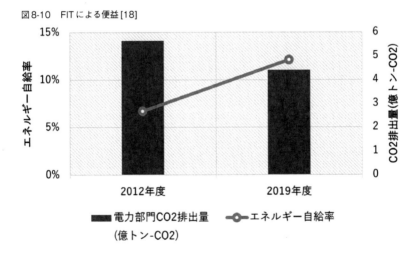

図8-10　FITによる便益[18]

　8-2節で触れた通り、日本を含む多くの国ではFITは国庫を原資とせず電力消費者から賦課金として徴収するため、明瞭に可視化され、透明性が高いという利点がある。その反面、透明性が高い故に多くの人に注目されやすく、表面的な理解で批判の対象になりやすいという側面もある。他方、従来電源の外部不経済は文字通り「隠れたコスト」として多

くの国民に認知されにくく、更にFITによる便益も目に見えにくい。

　このような透明性や情報公開の非対称性が、「FITは国民負担」「FITは不公平」という本質から外れた表面的理解が拡散されやすい要因の一つとなっていると推測できる。更に、日本全体で「便益」という概念自体が希薄であり、見かけ上の（外部不経済が隠された）コストばかりが重視される傾向も無視できない。便益の概念の不在・希薄性に関しては、文献[19]を参照のこと。

　本節で述べた環境経済学の基礎理論に関しては、文献[20]-[22]などを、FIT制度の理論に関しては文献[6],[7]を、入門的な読み物としては文献[23]も参照のこと。

8-4 FIT制度と他の法令・ルールとの不整合性

　8-3節で示した通り、FIT制度は本来、化石燃料の外部不経済を内部化するための手段の一つであり、また8-2節で提示した欧州諸国の実績のように、特に風力発電の普及を促進させる強力政策ドライバーとなった。では何故日本では、とりわけ風力発電がFIT導入にもかかわらず大きく進展しなかったのかについて、特に国内の諸政策との不整合性に着目しながら検証する。

8-4-1 環境アセスメントとの不整合性

　FIT制度の根拠となる『再生可能エネルギー電気の利用の促進に関する特別措置法』が施行された同年の10月に、『環境影響評価法の一部を改正する政令』[24]が閣議決定し、環境アセスメントの対象として風力発電が位置づけられた。環境アセスメント自体はインフラ設備の周辺地域への環境影響を評価するために必要ではあるものの、ここで問題となるのは、①環境アセスメントの完了に最低でも3〜4年かかるような冗長な工程が課されたこと、②太陽光発電には適用されなかったこと、③環境アセスメントが適用され事業リスクにさらなる不確実性が追加された風力発電の買取価格が22円/kWh（2012年度当時）に対し、環境アセスメントが適用されず事業リスクの不確実性が相対的に低い太陽光発電（事業用）の買取価格が40円/kWh（同）と設定されたこと、である。

　特に問題となるのは③のリスクと価格のバランスである。新規参入者にとって風力発電がハイリスクローリターン、太陽光発電がローリスクハイリターンと映り、結果的に発電ビジネスに興味を持つ新規参集者のほとんどが太陽光発電のみに関心をもつようになり、その結果「太陽光発電バブル」を引き起こすこととなった。風力と事業用太陽光の買取価

第8章　FIT制度導入後の風力発電と電力システムの現状と課題　181

格が逆転するのは2017年度になってからである。本来、普及促進により発電コストが下がり買取価格が漸減するというのがFIT制度の特徴であるが、長すぎる環境アセスメントのためか皮肉にもFIT制度を導入したにも関わらず風力発電の新規建設が進まず（図8-2参照）、買取価格漸減という特徴が日本の風力発電では全く見られないという、世界的にも珍しい現象となった。

　一方、環境アセスメントが全く適用されない太陽光はその後各地で事故や地域住民とのトラブルを引き起こして社会問題となった[25]。自治体によっては条例で太陽光発電に関する環境アセスメントを義務付けるところはあったものの、法令として太陽光発電を環境アセスメントの対象として義務付けるようになったのはようやく2020年4月に改正環境影響評価法施行令が施行されてからである[26]。ただし対象となる発電所の規模は第一種で40MW以上、第二種で30MW以上[27]と巨大メガソーラーが想定されており、多くの太陽光発電所には依然として適用されない。

　なお、上掲の①の問題については、2013年6月に閣議決定された『日本再興戦略』において「環境アセスメントの迅速化（3、4年程度かかるとされる手続期間の半減を目指す）」が謳われ[28]、2018年には国立研究開発法人 新エネルギー・産業技術総合開発機構（NEDO）から『環境アセスメント迅速化手法のガイド』が公表された[29]。このガイドに基づくNEDOの前倒し実証事業に参加した発電所の多くで14〜35ヶ月の短縮が達成された（図8-11, 図8-12参照）[30]。

　しかしながら、産業団体である日本風力発電協会（JWPA）からは、2021年の段階でも、

・JWPAアンケート調査結果では、審査案件のアセス期間は全案件平均で4.3年を要している。アセス法対象化の前にアセス手続を行った複数事例の所要期間は、自主アセスで1年2ヶ月〜1年9ヶ月である。

・環境アセスに長期間を要することで、風力発電事業者は事業の実施に関わる様々なリスク（買取価格・関連制度の変更、設備機器・資材価格の変動、地権者との協議等）を抱えたまま、先行費用負担を余儀なくされている。

図 8-11 環境アセスメントの迅速化の達成状況 [30]

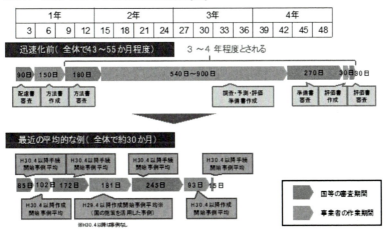

図 8-12 迅速化取組後の環境アセスメントの期間の実績 [30]

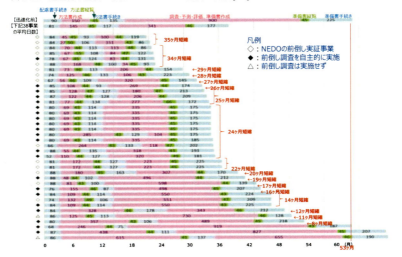

・環境アセスの長期化に伴い事業開発が遅れることで、他電源に系統枠を確保され、系統への接続が困難となった。そのため、事業化を中断、断念せざるをえなくなり、投資機会の損失と環境アセス費用を含めた開発コストの損失が生じているようであり、今後も、このような事態が生じるリスクを抱えている状況。

という実態が報告されている[31]。系統接続に関する問題は8-4-3項でも

詳述する。

　2021年には、経済産業省・環境省合同の「再生可能エネルギーの適正な導入に向けた環境影響評価のあり方に関する検討会」が設置され[30]、引き続き風力発電の規模要件の変更（5MW未満の発電所の「簡易アセス」化）や洋上風力発電の環境アセスメントの更なる短縮化も検討されている。2021年3月に公表された同検討会報告書[32]では、「継続して検討し迅速に措置するべき事項（制度的対応のあり方）」として、

①立地等により規模が大きいものでなくとも大きな環境影響が懸念される事業を適切にふるいにかけてアセスメント手続きを実施していくこと（より幅広なスクリーニングの導入）

②現行法の手続きよりも簡素化された手続きとするなど、環境影響の程度に見合った形のアセスメント手続きを実施していくこと（簡易かつ効果的なアセスメント手続きの導入）

が提言されている。

　風力発電の環境アセスメントの経緯に関する詳細は、文献[33],[34]も参照のこと。

8-4-2　土地利用との不整合性

　前項で指摘した通り、太陽光発電はこれまで環境アセスメントがなかったこともあり、各地で乱開発が進む結果となった。しかしこれは環境アセスメントの不在のみに起因するものではなく、より根本的には日本の土地利用の制度設計のあり方まで深掘りして省みなければならない。

　例えばドイツでの土地利用計画法制の出発点となるのは「建築（開発）不自由の原則」であり、ドイツでは土地所有者が自由に開発・建築することはできない。太陽光など再生可能エネルギー発電設備のみならず、開発・建築を希望する個人・事業者は市町村が策定する土地利用計画や地区詳細計画に従わなければならず、当該設備が建設可能な区域でなければ開発・建築行為を行うことができない[35],[36]。

　一方、日本は「建築（開発）自由の原則」を前提としており、開発・建

築を行う際に法制度上何らの拘束を受けない区域が存在する。従って古くは産業廃棄物処理場やゴルフ場、リゾート開発など、周辺住民が望まない設備が建設されようとした場合、住民も地方自治体もそれを防止・阻止する法的手段が容易に見当たらないこともある。この問題は再生可能エネルギー特有の問題ではなく、日本全体の国土利用のあり方の問題に帰着する。

このため、環境省では2016年度から「風力発電に係るゾーニング導入可能性検討モデル事業」を募集し、全国の複数の県や市でゾーニング策定の普及を促した。2018年3月には『風力発電に係る地方公共団体によるゾーニングマニュアル（第1版）』[37]が公表され、そこではゾーニングとは、

　　　・環境保全と風力発電の導入促進を両立するため、関係者間で協議しながら、環境保全、事業性、社会的調整に係る情報の重ね合わせを行い、総合的に評価した上で、「法令等により立地困難又は重大な環境影響が懸念される等により環境保全を優先することが考えられるエリア（保全エリア）」「立地に当たって調整が必要なエリア（調整エリア）」「環境・社会面からは風力発電の導入を促進しうるエリア（促進エリア）」等の区域を設定し活用する取り組み
と定義されている。

ゾーニングは、自治体や住民にとっては、環境配慮書が公開されて初めて開発が知らされるのではなく、複数の事業者が開発を計画するよりも事前に地域住民や地域産業団体の意見を調整しながら保全エリアや促進エリア域を指定でき、発電事業者にとっても自治体が指定した促進エリアで開発を計画する限りは地域住民とのトラブルのリスクも低減し事業予見性が向上するというメリットがある。

一方で、前述の通り日本では「建築（開発）自由の原則」を前提としているため、自治体がゾーニングを行うとネガティブゾーニングになりやすいという問題点も存在し、ゾーニングによって却って風力発電の普及が妨げられたり鈍化したりする可能性もあるのではないかと発電事業者の疑心暗鬼を引き起こしやすい。

第8章　FIT制度導入後の風力発電と電力システムの現状と課題

環境省による上記の実証事業は、地域の合意形成に基づく適切な再生可能エネルギー開発のためには本来重要な布石ではあるが、ここでも風力のみが先行し太陽光は先送りにされたという点は、前節③のリスクバランスと類似している。

　2021年6月には『地球温暖化対策の推進に関する法律の一部を改正する法律』が成立し、同改正法では市町村は地域脱炭素化促進事業の対象となる区域（促進区域）を定めるよう努めるものとすることが明記された。この促進区域を設定することによって、再エネ発電設備を区域内に誘導して、地域住民との紛争を最小限度に抑制するというポジティブ・ゾーニングの考え方が法的にも担保された[38]。

　しかしながら、前掲の文献[36]では、

　　・そもそもPZ（引用者注：ポジティブゾーニング）の意義が、ドイツの場合と比較すると大きく低減する。敢えてPZを指定しなくても開発・建築が可能だからである。そうすると、それにも拘らずPZを用いるとするならば、敢えて促進区域で開発・建築を行おうとするインセンティブを事業者側に付与しないと促進区域内に開発・建築を誘導できない。

という懸念点を指摘した上で、

　　・わが国の土地利用計画・土地利用規制の基本的構造は、戦後の土地開発において、周知のような様々な問題を引き起こしてきた。今日の再エネ設備の建設をめぐって各地で起きている現下の問題は、正にわが国のこれまでの土地法制度の延長線上で生じている問題である。ここに手を入れない限り、根本的な問題の解決にはならず、同種の問題は今後も継起するであろう。

と警告している。土地利用の法体系とFITを含む再生可能エネルギー導入促進策の整合性を取ることは将来の日本のエネルギー問題の根幹に影響を及ぼす極めて重要な課題である。

　再生可能エネルギーの土地利用およびゾーニングに関する詳細は文献[39]-[41]も参照のこと。

8-4-3　系統ルールとの不整合性

　2012年のFIT制度導入以降、特に太陽光発電の急速な拡大により系統ルールの整備・変更が追いつかず、しばしば系統接続の遅滞が全国各地で見られるようになった。これはFIT制度と系統ルールという国内の2つの法制度や民間規程などのルールに不調和があったことが強く推測される。またこの問題は直接的には主に急速に進展する太陽光によって誘起されたが、その影響は結果的に風力や小水力、バイオマスなどの発電事業者にも及ぶことになった。特に8-4-1項で述べたように環境アセスメントが長期に亘ることを余儀なくされる風力発電所は、この環境アセスメントの期間中に系統制約が発生する（もしくはするかもしれない）という更なる予見可能性の低下を被ることになった。

　表8-2にFIT制度導入後の系統接続関係の主な出来事を列挙する。8-4-3-1以降では、これらの出来事を時系列順に説明するのではなく、問題となるテーマごとに解説しながら歴史を振り返ることとする。

8-4-3-1　接続保留問題

　FIT制度導入後わずか2年の段階で、2014年9月には九州電力が「接続保留」を公表し[42]、同エリアの再生可能エネルギー発電所の接続検討が一時中断・延期され、社会問題に発展した。

　2012年に施行された『再生可能エネルギー電気の利用の促進に関する特別措置法』と同時に定められた経済産業省省令『電気事業者による再生可能エネルギー電気の調達に関する特別措置法施行規則』（2012年経済産業省令第46号）[43]では、年間30日の出力制御（出力抑制）の上限内で系統連系が可能な量として「30日等出力制御枠」を定め、この範囲内で契約を締結した事業者は年間30日は無補償で出力制御に応じることが義務付けられていた。これは年間30日を超える出力抑制が発生した場合、抑制分は補償されるとも解釈可能である。

　しかし、この接続保留に先立ち、既に2013年7月の段階で施行規則が改正され（2013年7月12日経済産業省令第37号）、「指定電気事業者」と

第8章　FIT制度導入後の風力発電と電力システムの現状と課題　｜　187

表8-2　再生可能エネルギーの系統接続関係小史

年月	出来事
2012 年 7 月	「再生可能エネルギー電気の利用の促進に関する特別措置法」および「電気事業者による再生可能エネルギー電気の調達に関する特別措置法施行規則」施行
2013 年 7 月	同施行規則改正。指定電気事業者制度の開始
2014 年 9 月	九州電力、接続回答保留
2014 年 10 月	経産省、系統ワーキンググループ設置
2015 年 11 月	経産省、系統増強費用負担ガイドライン
2016 年 5 月	東北北部 3 県で空容量がゼロに
2016 年 8 月	広域機関、募集プロセス開始
2017 年 10 月	送電線空容量問題が顕在化
2017 年 12 月	経産省、再生可能エネルギー大量導入・次世代電力ネットワーク小委員会設置（ノンファーム接続、日本版コネクト&マネージの検討）
2019 年 5 月	東京電力 PG、試行的な取り組みを発表
2020 年 10 月	同、試行的な取り組みを他系統にも順次拡大
2020 年 4 月	改正電気事業法施行。発送電分離
2021 年 4 月	指定電気事業制度者を廃止（全てのエリアで出力抑制が無制限無保証となる）

いう重要な制度が国会の審議を経ることなく省令レベルで定められることになった。同改正以降、この指定電気事業者に接続を申請しようとする発電事業者に対しては、上記の年間30日（のちに太陽光360時間、風力720時間と変更）を超えても「出力の抑制により生じた損害の補償を求めないこと」と定められた。九州エリアでは2014年の段階ですでに上記の「30日等出力制御枠」を超える容量の太陽光発電所の接続申込が予想されたため、接続申込手続きが一旦保留された。

　九州電力の接続保留の後、経済産業省の総合資源エネルギー調査会 省エネルギー・新エネルギー分科会 新エネルギー小委員会の下に「系統ワーキンググループ（WG）」が設置され、上記の「30日等出力制御枠」を超えない範囲で新規に接続が可能な容量として、「接続可能量」という指標が検証された[44]。

　図8-13に2014年時点での欧州主要国および日本の風力・太陽光発電の

設備容量ベースの導入率を示す。接続検討分まで含めると、北海道・東北・九州の各エリアでは当時の欧州の再生可能エネルギーの導入が進む諸国と同じ程度の導入率となることが見込まれることがわかる。しかし、文献[44]で指摘された通り、接続可能量という用語や概念は再生可能エネルギーの導入が進む諸外国では（特定の送電線路の容量や安定度の制約に起因する受入制限容量はあるものの）当時から殆ど例が見られない。この日本の接続可能量という独自概念は、再生可能エネルギー発電所の接続申請に対して拒否や遅延、または高額の工事金額の請求を正当化させる一因ともなった。

図8-13 欧州主要国および日本の風力・太陽光発電導入率（設備容量ベース、欧州のデータは2013年末時点、日本のデータは2014年3月末時点）[45]

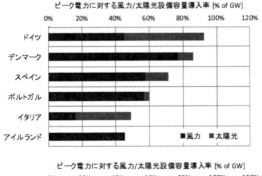

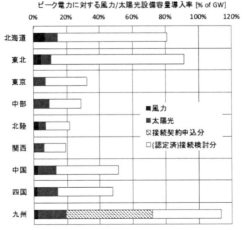

ここまでの一連の「接続保留問題」の詳細に関しては、文献[45]-[47]を

第8章　FIT制度導入後の風力発電と電力システムの現状と課題　| 189

参照のこと。

8-4-3-2 送電線空容量問題

　更にその後日本各地で送電線の「空容量」がゼロになったとの報告が電力会社（現・一般送配電事業者）から公表され始め、2016年5月には東北電力から東北北部3県（青森、秋田、岩手）の全ての送電線路で空容量がゼロになったことがアナウンスされた。この時点では、業界内で深刻に問題視されるもののこの問題を取り上げるメディアもなく、この送電線空容量問題が新聞・テレビなどに登場し社会問題として大きくクローズアップされるようになったのは、ようやく2017年9月になっていくつかの定量的な分析結果[48]-[50]が公表されてからである。

　なお「空容量」については、電力広域的運営推進機関において既に2016年の段階で会社間連系線の運用容量やマージンの考え方が整理され[51]、双方向の30分毎の空容量が「広域機関システム」で透明性高く公開されている[52]。しかしながら、各一般送配電事業者のエリア内では空容量の定義や算出根拠は必ずしも公開されておらず、空容量問題が社会的問題として顕在化した以降に公開されるようになった各社からのデータでも、会社間連系線の公開データのように順方向と逆方向の区別なく、1線路につき1つの数値だけである。

　そのため、空容量の値（とりわけゼロになるかならないか）が発電事業者にとっては不透明で、接続申込の手続きをしている最中に空容量がゼロとなって接続ができなくなるというケースも見られた。実際に公開情報をもとに分析された文献[49],[50],[53]などの結果からは、「空容量ゼロ」だとアナウンスされた線路での利用率（年間最大運用容量に対する平均実潮流の比率）が2%程度の線路も見られることが明らかになった（「利用率」についての厳密な定義と算出方法は文献[54]を参照のこと）。

　図8-14に基幹送電線（各エリア上位2系統の送電線）の平均利用率と空容量ゼロ率（各エリアで空容量ゼロとされた基幹送電線数の割合）の相関を示す。図からわかる通り、東北・中部・北海道のエリアでは、実潮流に基づいて算出した平均利用率は30%未満と低いものの、空容量ゼ

ロとされた基幹送電線の比率は50～70%にも上っており、この「空容量ゼロ」の判断が広域機関で定めたような実潮流に基づかず、過度に保守的に見積もられている可能性がある。

図8-14　送電線利用率と空容量ゼロ率の相間（2017年時点）[52]

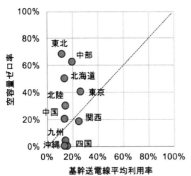

　この「送電線空容量問題」に対し、政府（経済産業省）からも解説が試みられたが、その中で明らかに電力工学的に誤った、あるいはその当時の国際議論からも乖離した解釈も公開されており、系統利用のあり方について日本で科学的に誤った考え方を拡散させる一因ともなった。（この誤った解釈に基づく図は現在でも同省ウェブサイトで公開されている）。

　例えば図8-15は経済産業省の「スペシャルコンテンツ」と呼ばれる一連の広報サイトに掲載された図であるが、ここでは（i）「50%は確実に開けておく」、（ii）「送電線を流れる電流がピークとなるタイミング」ということが文中説明として明示されている[55]。

　しかしながら、（i）に関しては、迂回ルートやループ経路がある送電線路では運用容量の最大値は必ずしも設備容量の50%に制限される必要はなく、文献[56]の調査でも日本において運用容量が設備容量の60～100%で設定されている線路も比較的多く見られ、事実と反している。

　また（ii）に関しては既に2009年の段階で国際エネルギー機関 風力発電実施協定 第25部会（IEA WIND Task 25）が「負荷データとの相関を捉えた質の高い同期された時系列データを利用できるようにすることは非常に有益」と推奨しており[57]、この報告書は2012年に日本語訳され

第8章　FIT制度導入後の風力発電と電力システムの現状と課題　　191

図8-15　経済産業省による送電線利用の説明図 [54]

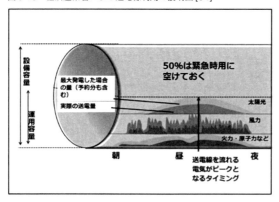

無料公開されている [58]。

したがって、図8-15のような本来等時性のない（同期しない）火力・原子力・風力・太陽光のピークを恣意的に時間移動してあたかも同時刻に発生するかのような解釈は、明らかに国際推奨から逸脱したものである。しかしながら、「送電線空容量問題」に際してはこのような政府自身の誤った理解がその後も訂正されず拡散し、問題解消の遅延を招く結果となった。

送電線空容量問題の詳細に関しては、文献 [53],[59] も参照のこと。

8-4-3-3　ノンファーム型接続と「試行的な取り組み」

送電線空容量問題の後、2018年12月には経済産業省に「再生可能エネルギー大量導入・次世代電力ネットワーク小委員会」[60]が設置され、「ノンファーム型接続」や「日本版コネクト&マネージ」といった制度で再生可能エネルギー発電所の接続を速やかに行う方策が検討された。

2019年5月には東京電力パワーグリッドから千葉方面における「試行的な取り組み」が公表され[61]、1年間（= 24時間 × 367日 = 8,760点）の詳細シミュレーションの結果、現在接続申請が行われている設備容量が全て接続したとしても、出力抑制を行わなければならないほどの送電混雑が発生するのは年間時間で3%程度であることが示された。

この「試行的取り組み」の考え方は、8-4-3-2で紹介した広域機関にお

ける連系線の空容量の定義と同じ考え方であり、実潮流に基づく動的かつ詳細な分析方法に基づいている。したがって、従来の（もしくは各一般送配電事業者のエリア内で現在も行われている）実潮流に基づかない静的かつ保守的な空容量の決定方法よりも送電線の利用実態に即した値となり、透明性も高くなると期待できる。このような「試行的取り組み」はその後も他系統にも適用され、経済産業省でも「ノンファーム型接続の先行実施」として取り入れられた[62]。

　しかしながら、日本の「ノンファーム型接続」は空容量問題や接続遅延を解消するためには一定の有用性を持つものの、先行する米国のファーム・ノンファーム（確定型・非確定型）制度とは用語が同じでも本質的に異なることに留意が必要である。米国の連邦エネルギー規制庁（FERC）が1996年に制定した『オーダー888』[63]に定められたファーム・ノンファーム制度は、①本来、送電サービスは非差別的である、②ファームとノンファームは利用者の方で選択可能である、③ファームは確実に輸送できる代わりに送電混雑が発生した場合は、追加で混雑料金を支払わねばならない、④ノンファームは輸送できない場合があるが混雑料金を支払わなくてもよい、という特徴を持ち、全ての電源に対して非差別的なルールである。これは系統に関する情報が全ての市場プレーヤーに透明性高く公開され、将来の不確実性を伴う事業計画や運用はすべて発電事業者が行うという考え方が徹底されているからと理解できる。

　一方、日本では新規電源は自動的にノンファーム接続として扱われ、ファーム・ノンファームの選択の自由は事実上なく、送電インフラ利用の非差別性が解消されていない。さらに、日本の「ノンファーム型接続」という用語は、前述の「試行的取り組み」のような実潮流に基づく透明性の高い評価方法も含む一方、次に述べる「募集プロセス」という透明性の低い費用負担方法も同じ「ノンファーム型接続」に分類されており[62]、国際的な先行事例の定義とは乖離し新旧制度が混濁した日本独自の特殊用語と言うことができる。

　日本のノンファーム型接続および米国のファーム・ノンファーム制度に関しては文献[64],[65]も参照のこと。

第8章　FIT制度導入後の風力発電と電力システムの現状と課題　193

8-4-3-4　特定負担と募集プロセス

　日本では、2015年11月に経済産業省から『発電設備の設置に伴う電力系統の増強及び業者の費用負担等の在り方に関する指針』[66]が公表され、それまでの「特定負担」のあり方から「一般負担」が原則になった。これは従来、送電線増強の費用負担の考え方が原因者負担の原則（CPP：Causers-Pay Principle）から受益者負担の原則（BPP：Beneficiaries-Pay Principle）に変更されたとも解釈できる。これは再生可能エネルギー電源に便益があり（8-3節参照）、その電源接続の際に上位系統を増強することも便益があるため、受益者負担の原則に基づき系統運用者がその費用を一時的に負担し、最終的に受益者である電力消費者が負担するという考え方である。

　しかしながら広域機関の『送配電等業務指針』[67]には別表6-1「広域系統整備の効果と受益者（費用負担者）に関する考え方の例」として、特定負担部分における受益者に「当該の個別の電力取引により裨益する事業者」「当該の電源の設置に伴う広域的な取引により裨益する事業者」が含まれており、むしろ発電事業者が系統増強費の一部を負担する特定負担の存続を正当化する根拠ともなった。

　送電線空容量問題が顕在化した後、2016年8月には系統接続に関わる系統増強工事コストの一部を発電事業者に負担させるスキームとして「電源接続案件募集プロセス」という制度が開始された[68]。この募集プロセスは、「原則一般負担」の中で特定負担を「例外的に」認め広域機関で一括管理する制度ではあるが、現在までに北海道3件（いずれも中止）、東北13件、東京6件、中部2件、中国1件、四国1件、九州14件（文献[65]より筆者調べ）と風況が良いエリアに適用されることが多かった。そのため、結果的に風力発電の系統接続に対して発電事業者側に大きな金銭的負担と不確実性を生じさせることとなった。

　募集プロセスはその法的根拠として電気事業法第18条の託送供給等約款や第28条46の送配電等業務指針の定めや前述の『費用負担等の在り方に関する指針』に則っているものの、募集プロセスそのものの可否や金

額の決定過程に透明性が低く、送電インフラの利用にあったっての非差別性が十分担保されていないことが指摘されている[64]。2020年の発送電分離後、この考え方も見直しが進み、2020年10月には募集プロセスは廃止され、電源接続案件一括検討プロセスに移行した[68]。しかし、今後もこの新しいプロセスが、受益者負担の原則や送電インフラ利用の透明性・非差別性の観点から適切であるかどうか議論と検証が望まれる。

8-4-4　その他の政策との不整合性

これまでの項で述べた諸政策だけでなく、他の政策とFITとの整合性についても、本項で短く言及する。

まず、産業政策との不整合性に関しては、FIT導入後に国内風力発電メーカーが全て撤退したという事実を挙げる必要がある。これは太陽光発電でも似たような状況にあると言え、国際合意として脱炭素を目指す中で、エネルギー政策と産業政策の不整合性については今後厳しく検証される必要がある。

特に2022年2月のロシアによるウクライナ侵攻以来、世界規模でのエネルギー危機が進展しつつあり、エネルギーセキュリティの観点からエネルギーの自給自足だけでなく、主要部材・技術に関する自国内のサプライチェーン構築・維持の重要性がますます高まっている。

科学技術立国を標榜するはずの日本で、脱炭素の有力手段である生産技術の内製化をその支援政策の途中に失うということが、今後どのような影響をもたらす（既にもたらしている）かについては、さらなる学術研究が必要である。

さらに、FIT導入後、さまざまな規模の発電事業者が電力ビジネスに参入すること自体は多様性の点で歓迎すべきことだが、メンテナンス技術者や保安検査・監督の体制（人員・予算）が追いついていないという保安規制との不整合性も挙げられる。これは例えて言うなら自動車の普及の黎明期において増えすぎる自動車に対して自動車修理工や交通整理の警察官が圧倒的に不足しているのと似た状況である。技術基準不適合な

どの法令違反もしくはそれに抵触する行為が看過・放置されるとしたら、再生可能エネルギーの地域受容性を低下させ、最悪の場合エネルギー政策にまで影響を及ぼすことになりかねない。

保安規制の強化という点は第一に政府内で脱炭素のための予算配分や人員配置の最適化をどのように意思決定していくかという行政的な問題でもあるが、第二に規制と認証の協調・協力の問題でもあり、例えば小規模発電所の技術基準不適合性の検査に認可を受けた民間の監視員を活用するなど、急速な技術の普及に対応するための政府（規制機関）と民間の役割分担や協力体制を早期に確立することが望まれる。

また、メンテナンス技術者の育成や支援は第一に政府がより意欲的な脱炭素・再生可能エネルギー政策を提示することが産業界の活性化の原動力となるが、同時に従来型産業からの雇用移転やリスキリングの問題でもあり、雇用政策とも協調する必要がある。

以上のように、FITの適切な運用のためにはさまざまな政策の整合性を取る必要があり、その整合性が後回しになっているとしたら、やはり日本全体で脱炭素のグランドデザインが欠けていると言わざるを得ないだろう。

8-4-5　先行国の試み

前項までのFIT制度と他の法令や国内ルールとの不整合性を概観して分かる通り、日本では、本来爆発的に再生可能エネルギーを導入できる強力な政策ドライバーでFIT制度を導入したにも関わらず、爆発的に再生可能エネルギーを受け入れるための他の法令やルールが整わず、後手後手で対応してきた姿が浮き彫りになる。もちろん全体的には時代の流れとして再生可能エネルギーの導入を進める方向で議論が進んでいるものの、随所に抜け穴（ループホール）や不整合性が散見され、「3歩進んで2歩下がる」という状態を繰り返している。

では、再生可能エネルギーの導入を早い段階から進めてきた諸外国はどうだろうか？　本項ではFIT制度と他の法令との調和という観点から、

いくつかの事例を紹介する。

　FIT制度の導入に際しての基礎理論や各国の経験・試行錯誤に関しては、前出の『再生可能エネルギーと固定価格買取制度～グリーン経済への架け橋』[7]に多くの事例が紹介されている。余談ではあるが、同書は2010年に原書が発行され英語圏で永くFITのバイブルとして評されていたもののなかなか日本語に翻訳されず、日本語版の発刊に至ったのは原書出版から実に9年、日本のFIT制度導入から数えて7年目である。このことは、日本において政策決定されたはずのFIT制度に関する基礎理論や諸外国の経験・知見に関する情報が大きく欠落したまま制度が進んでいたことを象徴している。

　文献[7]では、「不適切なFIT設計」という章が設けられ、先行した諸国で問題となったり今後問題となるであろう課題について書かれている。以下、同書からの一節を引用する。

　　　・これまでの章で筆者らは…（中略）…FIT法制化の多くの落とし
　　　　穴についても暗に記述してきました。言い換えればもし前章まで
　　　　に筆者らが推奨してきた制度設計の選択肢に沿ってすすめるなら
　　　　ば、高い系統接続コストや膨らみ続ける最終消費者にとってのコ
　　　　スト、不必要な制度上の障壁といった主要な障害を避けることが
　　　　できるでしょう[7]。

　また、8-4-1項で議論した環境アセスメントや8-4-3項の系統接続検討を含むリードタイム（計画から運転開始までの期間）に関しては、同じく2010年の段階で欧州風力エネルギー協会（現・Wind Europe）から"WindBarriers"と題された障壁研究の報告書が公表されている[69]。そこでは、当時の陸上風力発電所のリードタイムは欧州平均で4.6年、洋上風力発電所のそれは平均2.5年と報告されている。このリードタイムを如何に短くするかが風力発電の発電コストに大きく影響し、欧州諸国ではその当時から更にこの数値を短くする努力（主に法制度の調和）が議論されていた。

　日本では再生可能エネルギーのコストに関しても兎角再生可能エネルギー自身の要素技術に原因が求められがちであるが、上記のように法制

度の不整合性が無駄なコスト上昇の要因になり、その比重も大きい。この観点は、FIT導入後の日本で希薄だった視点であり、今後の日本の制度設計の立て直しを議論する上で極めて重要である。

8-4-3-1および8-4-3-2で言及した系統接続に関する諸問題については、ドイツでは1990年代に既に問題が顕在化し、系統接続に関する訴訟が相次いで当時の発送電分離前の大手電力会社が軒並み敗訴したという歴史がある[70]。このように司法の判断が先に立ち、その後それを反映して立法が改正されるという先行国の経験は、FIT後発国の日本にとっては本来2012年のFIT導入と同時に解決しておくべき問題だったと言えよう。

同様にアイルランドでも、系統接続に関する手続き遅延の問題は2000年代初頭に顕在化し、2004年に制定された "GPA：Group Processing Approach" というスキームで一定の解決が図られ、系統手続きが迅速化された[71],[72]。

欧州連合（EU）では再生可能エネルギーの優先接続・優先給電が段階的に法制度化されてきた。EUの政策文書で初めて「優先接続」の概念が示されたのは1997年であり[73]、2001年には強制力のある法律文書である『再生可能エネルギー指令2001/77/EC』で再生可能エネルギー電源の優先接続が義務化された[74]。また、2009年の同指令の改訂では、再生可能エネルギー電源の優先給電が義務化された[75]。いずれも日本のFIT施行以前の話であるが、これらが日本の政策決定の過程で議論の俎上に載った形跡は薄く、日本では法的には未だ再生可能エネルギー電源の優先接続や優先給電は実現されていない。優先接続・優先給電に関しての詳細は、文献[76]-[78] も参照のこと。

8-4-3-4で取り上げた特定負担や募集プロセスの問題も、日本という小さな島国の特殊な法制度と見るだけではなく、諸外国の先行事例も含めたグローバルな観点で評価する必要がある。これらは「接続料金問題」として知られる国際議論の範疇に分類することができ、この問題は再生可能エネルギーの導入が先行する欧州では2000年代から既に議論が進んだ比較的「古い」問題である。

当時欧州では、新規発電所の接続の際に必要となる上位系統の系統増

強費をどのように負担するかで主に「ディープ（発電事業者負担）方式」「シャロー（系統運用者負担）方式」という2つの考え方が比較検討されていた[79]。

　図8-16にディープ・シャロー方式の概念図を、表8-3に両方式の得失を示す。欧州では、結果的にはディープ方式のデメリットが顕在化し、シャロー方式の方がメリットが大きいため、殆どの国で2010年代初頭までにシャロー方式を採用することとなった[77]。一部の国ではセミシャロー方式と呼ばれる発電事業者が系統増強費用の一部を負担する折衷案的方式を採用する国もあったが、例えばデンマークのスーパーシャロー方式のように電源線も送電事業者が負担する方式を採用する国もあった[79]。

図8-16　接続料金体系におけるディープ方式とシャロー方式の概念図 [79]

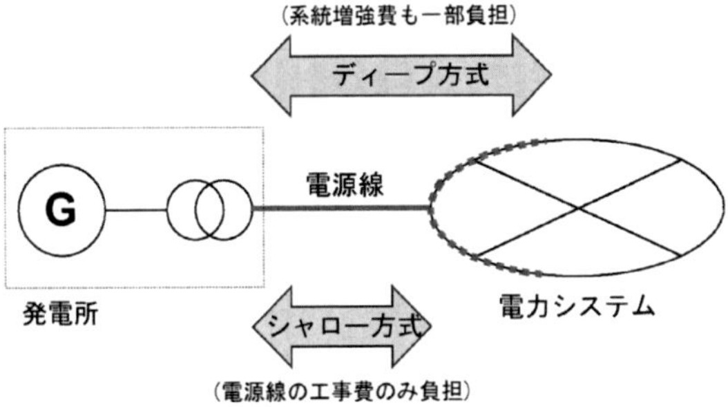

表8-3　ディープ・シャロー方式の得失（文献 [64] の表を一部修正）

	ディープ方式	シャロー方式
直接的負担者	発電事業者	送電事業者
メリット	系統増強費を含めた需要家負担が低い地点から発電設備の立地が進む。	全ての系統利用者が系統増強費を等しく負担することができる。 限られた市場参加者が系統増強費を負担するケースよりも系統連系に関する障壁が下げられる。
デメリット	系統増強がどの新規電源に直接的に関連するかを正確に決定することは困難。 系統増強費が一旦支払われると、あとから接続する電源がフリーライダーとなる可能性がある。	系統増強費が安い地域に電源を建設するインセンティブがない。

第8章　FIT制度導入後の風力発電と電力システムの現状と課題　199

このように、先行する欧州では既に2010年頃までにほぼ解決した問題が、日本では2020年代になっても解決されないまま残ってしまうケースが多い。この本質的な原因は、日本の電力システム改革（電力自由化・発送電分離）の遅れにあると考えられる。

電力自由化や発送電分離は、欧州では1996年のEU電力自由化指令96/92/ECで会計分離が義務付けられ[80]、米国でも同じく1996年のオーダー888[63]で機能分離や送電線の公平なアクセスが謳われ、系統インフラと電力市場の透明性・非差別性が担保されるようになった。欧州では2003年の改正で法的分離が原則義務付けられ[81]、その後2009年の第3次改正では原則所有権分離が完了した[82]。更に、それらと歩調を合わせる形で前述の再生可能エネルギー指令が2001年に発効し、2009年に改正されている[74],[75]。これらの2つの指令は相互に引用・参照する記述も見られ、系統インフラ・市場の非差別的な利用を目指す電力自由化指令と脱炭素のための新規技術を支援する再生可能エネルギー指令が車の両輪であることが窺える。

一方日本では、電力システム改革自体は欧米と同じく1990年代後半から議論がスタートし2000年には特別高圧産業用・業務用で部分自由化が始まったものの、小売全面自由化になったのは2016年、発送電分離（法的分離）が施行されたのはようやく2020年になってからである。

このように、電力自由化・発送電分離が諸外国から遅れに遅れ、系統インフラや電力市場へのアクセスの透明性・非差別性が十分解消されないままFITが先行して導入されため、FITという強力な支援政策がありながらも十分な普及が進まなかった、と推測することができる。日本における電力システム改革が遅れに遅れたツケが、再生可能エネルギーに関するさまざまな系統問題の根本原因だと言えよう。

また、太陽光発電はこのような系統問題を抱えながらも導入が進んだと評価することもできるが、風力発電は8-4-1項で述べた環境アセスメントとの不整合性によって太陽光に劣後した分だけ、この系統連系問題の影響をより深刻に被ることにこととなった。この複合要因も重要視すべき点である。

200

8-5　まとめ

　本論文では、再生可能エネルギーの固定価格買取（FIT）制度が日本で導入されて10年の節目の年に、特に風力発電と電力系統を対象としたFIT制度の導入状況やその過程で発生したさまざまな問題点について、産業史的に近過去の歴史的出来事を振り返りながら整理した。また、国内であまり議論されていない「そもそも何故FITなのか？」という基礎理論について、国際動向も踏まえながら解説した。

　一般に、ある制度や政策について「成功／失敗」の評価は安易に下すべきではなく、もし安易にそのような評価をする言説があるとすれば、それは単に白黒二元論で先入観や自己願望を投射したものに過ぎないと考えた方がよい。仮にある政策を「成功／失敗」の評価を客観的に下さなければならないとしたら、根拠を示すとともに「〜の点では」という限定的・部分的評価をするのが妥当である。

　その点で、日本のFIT制度は太陽光発電による発電電力量を約10年で16倍に増加させ、コストを数分の1に低減させることができたという側面においては「成功」と評価されてもよいだろうし、各地でトラブルを起こしているという点では「失敗」と評価する意見も多いことも理解できよう。風力発電に関しては、FIT制度が導入されたにも関わらず約10年で発電電力量の増加がわずか2倍に満たないという点においては、後世の諸外国の研究者からは「日本のFIT制度は（風力発電に関しては）失敗した」と評価されてもそれに反論することは難しいだろう。

　しかしながら、これが失敗だと評価されたとしても、それはFIT制度そのものというよりは、他の法令や国内ルールとの不整合性・不調和性に起因するものが多く、既に諸外国が乗り越えてきた知見・経験を十分に活かしきれなかったことが大きな原因だということは、本論文で詳らかにした通りである。それに加え、FITの意義だけでなく脱炭素・再生

可能エネルギーに関する環境経済学上の基礎理論が日本では十分浸透しておらず、従来電源の負の外部性や再生可能エネルギーの便益が十分議論されてないため、表面的な議論に終始しがちで本質があまり語られないという日本全体の傾向も遠因として挙げられよう。

したがって、「日本のFIT制度は（風力発電に関しては）失敗した」と評価されるとしたら、改善策はFIT制度を廃止するのではなく、速やかに他の法令や国内ルールを整備することが優先であり、それまでは風力発電（さらには小水力やバイオマス、地熱）に対するFIT制度を（本意ではないが）継続させることが「失敗」を回復するための方策となる。本来であればFIT制度は時限立法的なものでありFIP制度やコーポレートPPA（電力購入契約）のような形で直接市場取引や相対取引に速やかに移行するのが最善であるが、この日本の法制度の不調和という失敗を糧として、セカンドベストに取り組むのが今後の日本の風力発電、ひいては再生可能エネルギー全体の大量導入への道筋となるだろう。

参考文献

[1] International Energy Agency（IEA）： Policies database https://www.iea.org/policies

[2] 日本国：再生可能エネルギー電気の利用の促進に関する特別措置法，平成二十三年法律第百八号 https://elaws.e-gov.go.jp/document?lawid = 423AC0000000108

[3] IEA：Electricity Information（web subscription version） https://www.iea.org/reports/electricityinformation-overview

[4] 経済産業省 資源エネルギー庁：スペシャルコンテンツ「再エネのコストを考える」，2017年9月14日 https://www.enecho.meti.go.jp/about/special/tokushu/saiene/saienecost.html

[5] 日本風力発電協会（JWPA）：JWPAからのお知らせ 2021年末日本の風力発電の累積導入量：458.1万kW，2,574基，2022年2月25日 https://jwpa.jp/information/6225/

[6] 大島堅一：再生可能エネルギーの政治経済学，東洋経済新報（2010）

[7] M. メンドーサ，D. ヤコブス，B. ソヴァクール：再生可能エネルギーと固定価格買取制度（FIT）– グリーン経済への架け橋，京都大学出版会（2019）

[8] World Health Organization（WHO）：Ambient Air Pollution – A global assessment of exposure and burden of disease（2014）

[9] ウィリアム・ノードハウス：気候カジノ 経済学から見た地球温暖化問題の最適解，日経BP（2015）

[10] 大島堅一：新しい環境経済政策手段としての再生可能エネルギー支援策，立命館国際研究，Vol.19, No.2, pp.29-49（2006）

[11] IEA：Net Zero by 2050 – A Roadmap for the Global Energy Sector（2021）．

[12] 国際再生可能エネルギー機関（IRENA）：再生可能エネルギー世界展望 2020年版（2020）https://www.env.go.jp/earth/report/R2_Reference_5.pdf

[13] European Commission： COMMISSION DELEGATED REGULATION （EU） of 9.3.2022 amending Delegated Regulation （EU） 2021/2139 as regards economic activities in certain energy sectors and Delegated Regulation （EU） 2021/2178 as regards specific public disclosures for those economic activities, C（2022） 631 final, 9th March 2022

[14] ロイター：欧州議会委員会，ガス・原子力の持続可能性指定に反対，2022年6月14日 https://jp.reuters.com/article/eu-regulationfinance-idJPKBN2NV0Z1

[15] The Intergovernmental Panel on Climate Change （IPCC） Working Group III（WG3）：Climate Change 2022：Mitigation of Climate Change, Summary for Policymakers（2022） https://www.ipcc.ch/report/ar6/wg3/downloads/report/IPCC_AR6_WGIII_SPM.pdf

[16] 経済産業省：ニュースリリース 再生可能エネルギーのFIT制度・FIP制度における2022年度以降の買取価格・賦課金単価等を決定します，2022年3月25日 https://www.meti.go.jp/press/2021/03/20220325006/20220325006.html

[17] 環境省：平成26年度2050年再生可能エネルギー等分散型エネルギー普及可能性検証検討委託業務報告書（2015）

[18] 木村啓二：再エネ賦課金の疑問に答える，自然エネルギー財団連載コラム，2021年4月16日 https://www.renewable-ei.org/activities/column/REupdate/20210416.php

[19] 安田陽：再生可能エネルギーの便益が語られない日本，京都大学再生可能エネルギー経済学講座，ディスカッションペーパー，No.1（2019） https://www.econ.kyoto-u.ac.jp/renewable_energy/stage2/contents/dp001.html

[20] 植田和弘：現代経済学入門 環境経済学，岩波書店（1996）

[21] 栗山浩一，馬奈木俊介：環境経済学をつかむ，有斐閣（2008）

[22] 馬奈木俊介：エネルギー経済学，中央経済社（2014）

[23] 安田陽：世界の再生可能エネルギーと電力システム 〜経済・政策編，インプレスR&D（2019）

[24] 環境省：報道発表資料「環境影響評価法施行令の一部を改正する政令」等の閣議決定及び意見募集の結果について（お知らせ），2011年10月11日 http://www.env.go.jp/press/press.php?serial = 14301

[25] 山下紀明：太陽光発電の規制に関する条例の現状と特徴，環境エネルギー政策研究所 研究報告，2022年12月3日 http://www.rilg.or.jp/htdocs/img/reiki/PDF/5/環境エネルギー政策研究所報告.pdf

[26] 経済産業省：太陽電池発電所の環境影響評価に係る省令の一部改正について（令和2年4月1日施行），2020年3月18日　https://www.meti.go.jp/policy/safety_security/industrial_safety/oshirase/2020/03/20200318-01.html

[27] 経済産業省：太陽光発電事業に対する環境影響評価手続の創設について，産業構造審議会 保安・消費生活用製品安全分科会 第21回電力安全小委員会 資料3，2021年12月5日 https://www.meti.go.jp/shingikai/sankoshin/hoan_shohi/denryoku_anzen/pdf/021_03_00.pdf

[28] 内閣府：日本再興戦略 – JAPAN is BACK – ,2013年6月14日 https://www.kantei.go.jp/jp/singi/keizaisaisei/pdf/saikou_jpn.pdf

[29] 新エネルギー・産業技術総合開発機構（NEDO）：環境アセスメント迅速化手法のガイド – 前倒環境調査の方法論を中心に–（ 2018）https://www.nedo.go.jp/content/100876632.pdf

[30] 環境省：環境影響評価の対象となる風力発電所の規模の検討の経緯について ～風力発電所の環境アセスメント～，第1回 再生可能エネルギーの適正な導入に向けた環境影響評価のあり方に関する検討会，資料2，2021年1月21日 https://www.meti.go.jp/shingikai/safety_security/renewable_energy/pdf/001_02_00.pdf

[31] 日本風力発電協会（JWPA）：風力発電の主力電源化の実現を目指して – 風力発電に係る環境影響評価制度の見直しについて–，第 1 回 再生可能エネルギーの適正な導入に向けた環境影響評価のあり方に関する検討会，資料3-1，2021年1月21日 https://www.meti.go.jp/shingikai/safety_security/renewable_energy/pdf/001_03_01.pdf

[32] 再生可能エネルギーの適正な導入に向けた環境影響評価のあり方に

関する検討会：令和2年度報告書，2021年3月 https://www.meti.go.jp/shingikai/safety_security/renewable_energy/pdf/20210331_1.pdf

[33] 會田義明：風力発電所の環境アセスメントに係る取組，環境アセスメント学会誌，Vol.15,Nol.2 pp.2-7（2017）

[34] 日本環境アセスメント協会：特集「再生可能エネルギーの定積な導入に向けた環境影響評価」JEAS NEWS, No.173 SPRING 2022, pp.2-9（2022）

[35] 武本俊彦：自然エネルギー事業者と周辺住民との紛争を回避するための土地利用制度のあり方，地域生活学研究，Vol.7, pp.42-50（2016）

[36] 高橋寿一：ポジティブ・ゾーニングに関する一考察 －ドイツ法の構造と若干の日独比較一，京都大学再生可能エネルギー経済学講座コラム，No.279, 2021年12月9日 https://www.econ.kyoto-u.ac.jp/renewable_energy/stage2/contents/column0279.html

[37] 環境省：報道発表資料「風力発電に係る地方公共団体によるゾーニングマニュアル」の公表について，2018年3月20日 https://www.env.go.jp/press/105276.html

[38] 環境省：改正地球温暖化対策推進法について，2021年6月 https://www.env.go.jp/press/ontaihou/116348.pdf

[39] 高橋寿一：再生可能エネルギーと国土利用，勁草書房（2016）

[40] 畦地啓太：風力発電導入プロセスの改善に向けたゾーニング手法の提案，東京工業大学博士論文（2015）

[41] 市川大吾：再生可能エネルギー普及に，なぜ，いまゾーニングが必要か？，科学，Vol.88,No.10, pp.1027-1032（2018）

[42] 九州電力：プレスリリース「九州本土の再生可能エネルギー発電設備に対する接続申込みの回答保留について」，2014年9月24日 https://www.kyuden.co.jp/press_h140924-1.html

[43] 経済産業省：電気事業者による再生可能エネルギー電気の調達に関する特別措置法施行規則，平成二十四年経済産業省令第四十六号 https://elaws.e-gov.go.jp/document?lawid ＝ 424M60000400046

[44] 経済産業省 資源エネルギー庁：再生可能エネルギーの接続可能量の算

出方法に関する基本的考え方について (案), 第1回 総合資源エネルギー調査会 省エネルギー・新エネルギー分科会新エネルギー小委員会 系統ワーキンググループ 資料5, 2014年10月16日 https://www.meti.go.jp/shingikai/enecho/shoene_shinene/shin_energy/keito_wg/001.html

[45] 安田陽：日本の電力技術は遅れている，と言うべき日が来た，シノドス，2015年1月14日 https://synodos.jp/opinion/society/12324/

[46] 安田陽：再エネが入らないのは誰のせい？―接続保留問題の重層的構造，シノドス，2014年12月20日 https://synodos.jp/opinion/society/11922/

[47] 安田陽：再エネが入らないのは誰のせい？―接続保留問題の重層的構造（その3），シノドス，2014年12月20日 https://synodos.jp/opinion/society/12159/

[48] 東洋経済新報社：空き容量はゼロでも送電線はガラガラ，特集『再エネが接続できない送電線の謎』，2017年9月30日号

[49] 安田陽・山家公雄：送電線に「空容量」は本当にないのか？，京都大学再生可能エネルギー経済学講座コラム，2017年10月2日

[50] 安田陽・山家公雄：続・送電線に「空容量」は本当にないのか？，京都大学再生可能エネルギー経済学講座コラム，2017年10月5日

[51] 電力広域的運営推進機関 マージン検討会：「利用登録可能なマージンの設定について」，第2回資料5-2，2016年2月1日

[52] 電力広域的運営推進機関：広域機関システム http://occtonet.occto.or.jp/public/dfw/RP11/OCCTO/SD/LOGIN_login#

[53] 安田陽：送電線は行列のできるガラガラのそば屋さん？，インプレスR&D（2018）

[54] Y. Yasuda et al.： An Objective Measure of Interconnection Usage for High Levels of Wind Integration, 13th Wind Integration Workshop, WIW14-122（2014）

[55] 経済産業省：スペシャルコンテンツ「送電線「空き容量ゼロ」は本当に「ゼロ」なのか？〜再エネ大量導入に向けた取り組み」，2017年12月26日 https://www.enecho.meti.go.jp/about/special/

johoteikyo/akiyouryou.html

[56] 安田陽：送電線利用率分析と再生可能エネルギー大量導入に向けた送電線利用拡大への示唆，電気学会 環境・エネルギー／高電圧合同研究会，FTE-18-029，HV-18-075（2018）

[57] IEA Wind Task25：Design and Operation of Power Systems with Large Amounts of Wind Power, Phase One （2006-2008） Final Report （2009）https://www.vttresearch.com/sites/default/files/pdf/tiedotteet/2009/T2493.pdf

[58] IEA Wind Task25：風力発電が大量に導入された電力系統の設計と運用，フェーズ1 最終報告書 日本語版，日本電機工業会（2012）https://www.jema-net.or.jp/Japanese/res/wind/images/IEA_WIND_Task25_Ph1_JP.pdf

[59] 安田陽：送電線空容量問題の本質を探る −問題は，技術論ではなく制度設計−，日本風力発電協会誌，第14号，pp.75-84（2018）

[60] 経済産業省：再生可能エネルギー大量導入・次世代電力ネットワーク小委員会https://www.meti.go.jp/shingikai/enecho/denryoku_gas/saisei_kano/index.html

[61] 東京電力パワーグリッド：千葉方面における再生可能エネルギーの効率的な導入拡大にむけた「試行的な取り組み」について，2019年5月17日https://www.tepco.co.jp/pg/company/pressinformation/press/2019/1515133_8614.html

[62] 経済産業省：第26回 電力・ガス基本政策小委員会，資料3，2020年7月13日https://www.meti.go.jp/shingikai/enecho/denryoku_gas/denryoku_gas/pdf/026_03_00.pdf

[63] Federal Energy Regulatory Committee（FERC）：ORDER NO. 888 "Promoting Wholesale Competition Through Open Access Nondiscriminatory Transmission Services by Public Utilities; Recovery of Stranded Costs by Public Utilities and Transmitting Utilities"（1996）

[64] 安田陽：世界の再生可能エネルギーと電力システム〜系統連系編，インプレスR&D（2019）

[65] 内藤克彦：欧米の電力システム改革 – 基本となる哲学–，化学工業日報社（2018）

[66] 経済産業省：発電設備の設置に伴う電力系統の増強及び業者の費用負担等の在り方に関する指針（2015）https://www.enecho.meti.go.jp/category/electricity_and_gas/electric/summary/regulations/pdf/h27hiyoufutangl.pdf

[67] 電力広域的運営推進機関：送配電等業務指針，平成29年4月1日変更 https://www.occto.or.jp/article/files/shishin170401.pdf

[68] 電力広域的運営推進機関：電源接続案件募集プロセス https://www.occto.or.jp/access/process/

[69] The European Wind Energy Association （EWEA）：WindBarriers – Administrative and grid access barriers to wind power（2010）http://www.ewea.org/fileadmin/files/library/publications/reports/WindBarriers_report.pdf

[70] 千葉恒久：ドイツは送電網の壁をどう乗り越えたのか，気候ネットワーク通信，第119号，pp.6-7，2018年3月1日

[71] J. O'Sullivan：アイルランドの電力系統における風力発電，T. アッカーマン編著：「風力発電導入のための電力系統工学」，第27章，オーム社（2013）

[72] Commission for Energy Regulation （CER）：Review of Connection and Grid Access Policy：Initial Thinking & Proposed Transitional Agreements, CER/15/284 (2015) https://www.cru.ie/wp-content/uploads/2015/07/CER-15284-Review-of-Connection-and-Grid-Access-Policy.pdf

[73] European Committee： Communication form the Commission, Energy the Future：Renewable Sources of Energy, White Paper for Community Strategy and Action Plan, COM（97）599（1997）

[74] European Parliament and European Council：Directive 2001/77/EC of European Parliament and of the Council of 27th September 2001 on the promotion of electricity produced from renewable energy sources in the

internal electricity market（2001）

[75] European Parliament and European Council：Directive 2009/28/EC of European Parliament and of the Council of 23th April 2009 on the promotion of electricity produced from renewable energy sources and amending and subsequently repealing Directives 2001/77/ECand 2003/30/EC（2009）

[76] 道満治彦：日本における再生可能エネルギー事業発展にとっての壁―再生可能エネルギー特措法第5条の「優先接続」規定を巡って―，比較経営研究，Vol.43，pp.162-184（2019）

[77] 道満治彦：EUにおける再生可能エネルギーの「優先接続」の発達 － 2001年および2009年再生可能エネルギー指令における "Priority Access" "Priority Connection" の概念を巡って－，日本EU学会年報，Vol.39, pp.126-152（2019）

[78] 道満治彦：日本における再生可能エネルギーの「優先接続」論争の論理的帰結 － EU指令および日本における政策決定過程からの示唆－，経済貿易研究，Vol.47 pp.1-22（2021）

[79] P. E. Mothorst and T. Ackermann：電力系統における風力発電の経済的側面，T. アッカーマン編著：「風力発電導入のための電力系統工学」，第22章，オーム社（2013）

[80] European Parliament and European Council：Directive 96/92/EC of European Parliament and of the Council of 19 December 1996 concerning common rules of the internal market in electricity（1996）

[81] European Parliament and European Council：Directive 2003/54/EC of European Parliament and of the Council of 26 June 2003 concerning common rules for the internal market in electricity and repealing Directive 96/92/EC（2003）

[82] European Parliament and European Council：Directive 2009/72/EC of European Parliament and of the Council of 13 July 2009 concerning common rules for the internal market in electricity and repealing Directive 2003/54/EC（2009）

第9章　洋上風力発電の系統連系とコスト

◎初出：太陽エネルギー，Vol.49. No.5, pp.18-32 (2023)

　この解説論文も『太陽エネルギー』の特集「洋上風力発電の動向・展望」の中のひとつとして寄稿したものです。洋上風力に関して土木や海洋技術・流体工学などの分野からの執筆者が多い中、筆者が電力工学関係（と少しだけ経済学関係）を担当しました。

　洋上風車は日本でも、2021年12月に日本初の本格的な洋上風力発電入札の第1回（ラウンド1）の結果が発表されて以降、メディアをはじめ大きな注目を浴びています。しかし、世界初の洋上風車は1991年にデンマークで建てられ、今日に至るまでに実に30年以上の歴史を持つということはあまり知られていません。

　洋上風車はGX戦略の一つに掲げられるなど日本でも期待をもって迎えられていますが、実に30年以上の歴史のある先行者（欧州）の歩んできた道を見ずに日本独自のことを試みようとすると、後発者利益が取れないばかりか、先行者がコケなかったところでコケるということにもなりかねません。日本の洋上風車が抱える問題は、技術的問題ではなく制度設計の問題と言えるでしょう。2023年の段階で筆者が問題提起したこれらの課題が、あと数年で制度設計の改善により解消されることを切に願うばかりです。

9-1 はじめに

　洋上風力発電というと、海の上に風車が整然と並ぶ写真や動画などが紹介されることが多く、海の上に出ている目に見える構造物、すなわち風車に多くの人が着目しがちである。もちろん、エネルギー変換装置としての風車は風力発電システムの根幹を成すものであり、この装置の発展と改良なしには洋上風力の歴史や未来は語れない。

　しかし同時に、海の下や見えないところ・気が付きにくいところに設置されている縁の下の力持ち的存在も忘れてはならない。すなわちそれが、電力ケーブル、変電設備、保護装置、（場合によっては）交直変換装置、そしてそれらを効率的に制御する発電所制御システムなどの電気システムである。

　本稿では、この縁の下の力持ち的存在である電気システムに関わる技術的動向やグリッドコードなどの制度設計、さらには系統連系に関するコスト問題について解説する。

9-2 洋上風力発電所（OWPP）の電気システム

　洋上風力発電は、通常、風車数十基からなる洋上風力発電所（OWPP：Offshore Wind Power Plant）で構成される。英語圏の諸文献でも洋上ウィンドファーム（offshore wind farm）という従来の言葉ももちろん使われるが、近年では風車100基以上の巨大プロジェクトももはや珍しいものではなく、そのような巨大設備には従来の牧歌的な印象を与える「ファーム」ではなく「発電所」の名称が優先して使われる傾向にあり、OWPPと略称されることも多い。

　風車間隔はブレード直径の10倍以上必要であるとされるため、OWPPは数〜十数km四方の範囲に広がることも多く、構内のケーブル長は100km以上になる場合も多い。図9-1にOWPPのケーブル敷設レイアウト事例を示す。この発電所は風車175基総定格容量630MWに対して、構内ケーブルの総延長距離は約200km、陸上輸送用の電源線ケーブルの総延長距離は約240kmとなり、さらに2基の洋上変電所を備えている。このような広範囲に亘る「発電所」は、従来の火力発電所や原子力発電所にはない、新しい形態の発電設備であるという認識が改めて必要である。

9-2-1　OWPPのケーブル構成

　多数の風車を集電システム（collection system）に接続する際、1条の母線に複数（通常10基程度）の風車がカスケード接続される。なお、集電システムとは、設備的には配電システム（distribution system）と同様であるが、電気を配る（distribute）のではなく集める（collect）役割を担うため、「集電」という用語が用いられている。英語文献では比較的多く登場する用語であり、日本産業規格JIS C 1400-00：2023「風力発電システム - 第0部：用語」[2]でも定義されるが、日本では大規模な集電

図9-1　OWPPのケーブル構成例[1]（英国・ロンドンアレイ発電所）

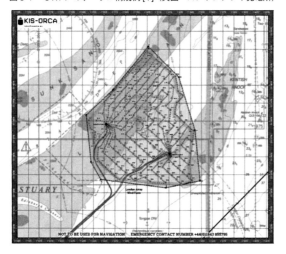

システムを擁する大規模風力発電所はまだ数多くないため、一般的にあまり使われていない。欧州のOWPPの集電システムは33kVの電圧階級で構成されるのが一般的である。

　風車を集電システムに接続する際、母線同士を接続するハブ（陸側）とカスケード先端（海側）のケーブル容量を同一にするのは経済的でなく、図9-2のように母線の先端側に行くにつれ容量およびケーブル半径を小さくする措置が取られることが多い（図9-2では母線は1本の線で繋がれており風車同士は直列接続のように見えるが、実際は三相交流のため3本の導体で1条のケーブルが構成されており、風車同士は並列接続されている）。

図9-2　OWPPのケーブル容量の例[3]

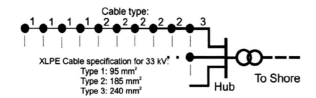

214

一方、単純なカスケード接続の場合、万一ハブの近くでケーブル損傷があると、それよりも先端（海）側のケーブルや風車が健全であったとしても一連の風車からの電力が送電不能となってしまい、ケーブル損傷が解消されるまで多大な逸失電力量ひいては逸失利益を発生させてしまう可能性がある。そのため、カスケード接続の先端側を他のカスケードと接続させ（通常時は開放）、ループ状の集電システムを構成することも考えられる（図9-3B〜D）。

図9-3　OWPPのケーブルレイアウト例[3]

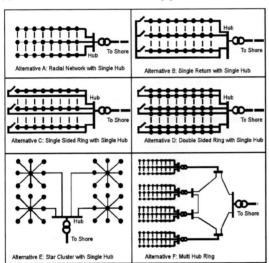

　このような冗長システムは建設コストを上昇させるが、万一の際の逸失利益を大幅に低減させることができる。すなわち、OWPPの電気システムの設計にあたっては、単純に建設コストを最小化させるのではなく、建設コストと逸失利益の期待値も含めた保守運用（O&M）コスト等とのトレードオフが必要であり、費用便益分析（CBA）やリスクマネジメントなど経済学的手法も考慮することが重要となる[3]。欧州の洋上風力発電所のケーブルも含めた電気事故に関する日本語の情報は、文献[4]も参照のこと。

9-2-2　洋上変電所

　OWPPが大規模になるに従って、あるいは離岸距離が長くなるに従って、個々の風車がカスケード接続されたケーブル母線を直接陸まで敷設すると効率が悪くなる可能性がある。そのため、OWPP構内に変電所を設け、一旦そこで昇圧（例えば、33kVから330kVへ変換）する方法が考えられる。すなわち、洋上変電所（offshore substation）である。図9-4に洋上変電所の外観の例を示す。

図9-4　洋上変電所の例[5]（英国・ガンフリートサンズ発電所）

　世界初のOWPP専用洋上変電所は2002年に運開したデンマークのHorns Rev I発電所（2MW風車×80基）に設置された定格容量160MWのものであり、実に今から20年以上前のことである。その後2012年までの10年間で約30基の洋上変電所が欧州で次々と運開し[6]、本稿執筆時点（2023年8月）で欧州では95基、アジアで71基の洋上変電所が既に運開済みである（表9-1）。現在建設中で数年内に運開予定のものも合わせると欧州・アジアでそれぞれ100基前後、計画中も含めると全世界で370基以上がリストアップされている[7]。

　日本でのOWPP専用の洋上変電所は、経済産業省の福島浮体式洋上ウィンドファーム実証研究事業において世界初の浮体式洋上変電所が建設され、2013年から運用されたが[8]、実証事業の終了に伴い、2022年に撤去・解体されている[9]。着床式かつ商用洋上風力発電所用の洋上変電所は現在、日本では1基も存在しない。

表9-1 世界の洋上変電所数（文献 [7] より筆者まとめ）

エリア	国・地域	認可済	計画中
欧州	ベルギー	3	0
	ドイツ	23	3
	デンマーク	8	0
	フランス	0	4
	オランダ	10	3
	英国	51	1
	欧州計	95	11
アジア	中国	69	24
	台湾	2	2
	アジア計	71	26
計		166	37

　洋上変電所を必要とするか否か、あるいは何基必要かについては、前述のケーブル構成と同じく、万一の際の事故時の逸失電力量期待値と建設コスト等のトレードオフとなる。

　図9-5に大規模OWPPの洋上変電所構成例を示す。図9-5（A）は陸上への送電が1ルートで洋上変電所が3基ある構成であり、図9-5（B）は洋上変電所が2基で済む一方、陸上へのケーブルが2ルートある構成例となる。ケーブルルートが少ない方が建設コストが安く済むが、1ルートしかないと万一のケーブル損傷の際、発電所の全ての風車が健全であったとしても全ての出力が輸送できず、ケーブル故障箇所が特定され原因が解明され修復するまでに（通常数ヶ月要する）長期供給支障となり逸失電力量および逸失利益は膨大なものになる。

　一方、陸上へのケーブルが2ルートの場合、万一1ルートが供給支障を起こしたとしても発電所定格容量の半分は輸送することができ、通常、風況のよい月でも設備利用率は5〜7程度であるため、逸失電力量は軽微なものとなる。このように、洋上変電所やケーブル構成は、単にやみくもに建設コストの低廉化を目指すものではなく、発電所運用期間の総発電電力量や逸失電力量の期待値を勘案しながら最適化を図るのが、先行する欧州の洋上風力発電の設計方針であるということができる。

　洋上変電所に要求される電気的性能としては、(i) 省スペース性、(ii) 難燃性、(iii) 耐汚損性、(iv) 冗長性・保守性などが挙げられる。

第9章　洋上風力発電の系統連系とコスト　217

図9-5　OWPPのケーブル容量の例 [3]

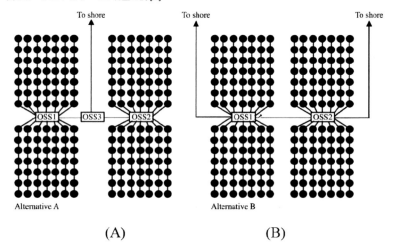

変電所は単に電圧を「変電」するだけではなく、避雷器、遮断器、断路器、開閉器など保護システムに関わる機器も多く、一般に陸上変電所ではそれらの機器の設置スペースや離隔距離の方が本来の変電のための装置（すなわち変圧器）よりも大きい。陸上設備では広い敷地を必要とする設備を海の上に設置するとなると（i）のような省スペース性は建設コストに直接的に影響するため、非常に重要となる。

また、（ii）の難燃性も、作業員の安全はもとより、万一の事故の際の修復は陸上以上に困難を極め、逸失発電量による売電収入の低下という観点から重要となる。

（i），（ii）に関わるソリューションとしては、学術的にはガス絶縁変圧器（GIT）やガス絶縁遮断器（GIS）が有望視されているが、実際に欧州で建設される洋上変電所ではGITは高コストのため、現在でも油入変圧器を用いる洋上変電所が一般的である。なお、GISについては、後述の洋上変換所（ベルギーのModular Offshore Gridやドイツで建設中のDolWin6）における直流遮断器への導入が進みつつある[10],[11]。

9-3　陸上系統への接続

　本節では、OWPPから陸上の変電所へと電力を輸送する送電路について論じる。この線路は通常、発電所構内の集電ケーブルと区別され電源線と呼ばれることもある。送電系統運用者（TSO）（日本では一般送配電事業者）との責任分解点は、以下の9-3-1項で述べる技術方式や9-3-3項の各国の法令によってさまざまである（後述の9-6-2項で述べるコスト分担にも関係する）。

9-3-1　HVAC対HVDC

　OWPPから陸上の変電所へと電力を輸送するためには、高圧交流（HVAC）送電方式と高圧直流（HVDC）送電方式の二通りがある。AC方式はOWPP構内に洋上変電所を持ち（風車基数が少ない場合や離岸距離が短い場合は洋上変電所を持たないケースもある）、変電所にて昇圧した後、交流にて陸上変電所まで接続するケースである。このHVAC方式は後に述べるHVDC方式に比べ交直変換所がないため建設コストが安く済むが、ケーブル亘長[1]が長くなるにつれ、図9-6に示すように無効電力[2]による送電容量の低下（損失）が大きくなるという問題点を有している。

　図では陸上に無効電力補償装置を設置した場合が点線で、陸上および洋上の両者に無効電力補償装置[3]を設置した場合が実線で描かれているが、無効電力補償を行ったとしてもHVACでの長距離輸送は限界があることがわかる。そこで、離岸距離が長いOWPPの場合、HVDCによって陸上系統へ接続する方式が取られることが多い。

---

1. 亘長：架空送電線路の長さのことで、一般に発変電所等の起点から鉄塔等の支持物の中心間を結んで、変電所等の終点に至るまでの水平距離を累積した長さのこと。(参考: パワーアカデミー 電力工学用語 https://www.power-academy.jp/learn/glossary/id/694)
2. 無効電力：交流電力をある地点からある地点に送る際に、実際に送ることのできる電力を有効電力といい、線路のコイルやコンデンサの成分により電力がいったりきたりして無駄になる成分を無効電力という。
3. 無効電力補償装置：発生した無効電力を制御し、無効電力をゼロにする装置。通常、半導体スイッチング素子を用いた技術が使われる。

第9章　洋上風力発電の系統連系とコスト　｜　219

図9-6 HVACの送電距離に対する送電容量[3]（点線：陸上に無効電力補償装置を設置した場合、実線：陸上および洋上に無効電力補償装置を設置した場合）

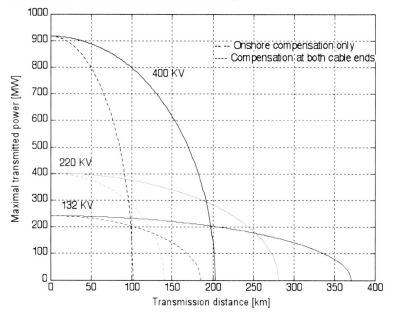

　一般に、HVACとHVDCの送電コストは図9-7で示されるようにある距離で損益分界点があり、陸上架空線の場合は概ね800km、海底ケーブルの場合は概ね50kmという値が多くの電力工学の教科書で紹介されている。この損益分界点よりも送電距離が短い場合はHVAC、長い場合はHVDCが選択されることが多い。

図9-7 HVACおよびHVDCの送電コスト比較（筆者作成）

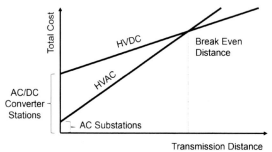

　但し、上記の値は従来の陸対陸の長距離送電での経験則であり、OWPP

と陸上変電所を結ぶケーブルの場合、次項で紹介する通り、片方の変電所もしくは変換所を洋上に設置する場合には従来の陸対陸とは異なるコスト構造になり、サイトごとに詳細設計が必要となる。

9-3-2 他励式対自励式

交直変換器（AC/DCコンバータ）には他励式[4]と自励式[5]があり、前者は自己消弧[6]（ターンオフ）できないサイリスタなどの従来型スイッチング素子、後者は自己消弧可能なゲートターンオフサイリスタ（GTO）やパワートランジスタなどの近年の高性能高耐圧スイッチング素子が採用されている。

他励式（line commutated）HVDCは日本でも北本連系線や阿南紀北線などの陸対陸の直流送電に採用され、世界中で数多くの実績があるが、洋上風力への応用例はない。なぜなら、他励式HVDCの場合、図9-8に示す通り洋上側にフィルタや無効電力補償装置などの多くの補器が必要となり、相対的に高コストになるからである。

一方、自励式（voltage source）HVDCは自己消弧可能なスイッチング素子による電圧源コンバータ（VSC：voltage source converter）で構成されるため、無効電力補償装置が不要で、寧ろコンバータ自体が無効電力補償の能力を持つ。したがって、図9-9に示すように洋上側の機器構成点数が少なくコンパクトで低設置面積となり、結果的に建設コストの低下に寄与することになる。

---

4. 他励式：半導体素子でスイッチングをして交流正弦波波形を作る際に、消弧（ターンオフ）が自らできず交流系統の正弦波がゼロになった時点でオフする素子を使う交直変換方式。サイリスタなど比較的古い技術の素子を用い、制御性はあまりよくなく、高調波や無効電力を多く発生させる。

5. 自励式：半導体素子でスイッチングをして交流正弦波波形を作る際に、消弧（ターンオフ）ができる素子を使う交直変換方式。電力用トランジスタなど比較的新しい技術の素子を使い、制御性はよく、高調波も少なく、無効電力も制御できる。

6. 消弧：ターンオフ。電圧もしくは電流を強制的にオフすること。

第9章　洋上風力発電の系統連系とコスト　221

図9-8　他励式HVDCによるOWPPの陸上への送電例[3]（STATCOM：静止型無効電力補償装置、F：フィルタ、HFF：高周波フィルタ）

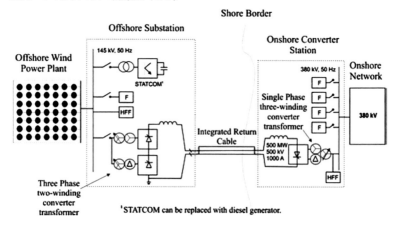

図9-9　自励式HVDCによるOWPPの陸上への送電例[3]

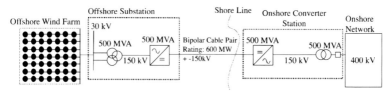

9-3-3　洋上変換所

　HVDC送電に必要な交直変換所[7]を洋上に設置したものは、洋上変換所（offshore converter station）と呼ばれる。図9-10に洋上変換所の外観例を示す。

　外観は洋上変電所[8]と似ているが、電気的な動作・性能が全く異なるという点だけでなく、その設備の所有者・運用者が誰かという点でも洋上変電所とは大きく異なる。何故ならば、洋上変電所の多くはOWPPの構内もしくは近傍に設置され、OWPPの所有者が所有するものだが、洋上変換所の多くはTSOが所有し、複数の異なる所有者・運用者のOWPPが

---

7. 変換所：交流を直流に、または直流を交流に変換する電力変換器（コンバータ）を具備する電力設備。交流系統と直流系統の間にあり、両系統の電力を変換する設備。
8. 変電所：交流系統において電圧を昇圧もしくは降圧（すなわち変電）する電力設備。一般に、変電機能だけでなく、避雷器や遮断器などの系統保護機器を具備することが多い。

図9-10　洋上変換所の例[12]（ドイツ・ヘルウィン1変換所）

接続されるのが一般的だからである。この点は後述の9-4-2項のオフショアグリッドのコンセプトや9-6-2項の接続コスト分担問題も関連することになる。

表9-2　世界の洋上変換所（文献[7],[10]より筆者まとめ）

洋上変換所	国	定格容量[MW]	電圧容量[kV]	直流電圧容量[kV]	ケーブル亘長[km]	重量[t]	接続する洋上風力発電所	メーカー	運転開始年
BorWin 1	独	800		320	75	3,200	Bard Offshore I (400 MW)	ABB	2010
BorWin 2	独	800	155/300	300	125	11,900	Global Tech I (400 MW), Deutsche Buchet (252 MW), Beja Mate (402 MW)	Siemens	2015
HelWin 1	独	576	155/250	250	90	12,000	Nordsee Ost (295.2 MW), Meerwind Ost/Sud (299 MW)	Siemens	2015
SylWin 1	独	864	155/300/380	320	160	14,000	DanTysk (288 MW), Butendiek (288 MW), Sandbank (288 MW)	Siemens	2015
DolWin 1	独	800	155	320	75	10,306	Borkum Riffgrund I (312 MW), Trianel Windpark Borkum 1 (200 MW), Borkum 2 (200 MW)	ABB	2015
HelWin 2	独	690	155/300/380	320	85	10,300	Amrumbank West (302 MW)	Siemens	2015
DolWin 2	独	916	155	320	45	----	Gode Wind 1&2 (582 MW), Nordsee One (332.1 MW)	ABB	2016
DolWin 3	独	900	----	320	83	18,450	Merkur Offshore (400 MW), Borkum Rifffgrund II (448 MW)	GE	2017
Modular Offshore Grid	ベルギー	1,030	220	380	40	2,094	Rentel (309 MW), SeaStar (252 MW), Mermaid (235 MW), Nothweter 2 (219 MW)	----	2018
BorWin 3	独	900	320	----	160	18,500	Global Tech (400 MW), Hohe See (497 MW)	Siemens	2020
Rudong	中	1,004	400	220	35	20,000	Rudong H6 (400 MW), H10 (400 MW), H8 (300 MW)	Zhenhua Heavy Industry	2022

洋上変換所は表9-2に示す通りほぼドイツの独壇場であり、本稿執筆時点（2023年8月）で11基の洋上変換所が運開済みとなっている。このほか、ドイツ、英国、オランダ、フランス、スウェーデン、米国、中国で

合計50基近くの洋上変換所の計画が立ち上がっている[7]。

　何故ドイツで洋上変換所の建設が進んでいるかというと、これはドイツ特有の洋上風力の政策に大きく起因すると言うことができる。歴史的に洋上風力を先行して導入してきたデンマークや英国では離岸距離が短い近海から洋上風力のプロジェクトをスタートさせたのに対し、ドイツは図9-11に見る通り初期の段階から離岸距離100km前後の遠浅の北海EEZ（排他的経済水域）内に洋上風力の候補となる海域を設定して開発をしてきた。ドイツの海岸線は北にわずかに開かれているに過ぎず、沿岸部やドイツ国内では数少ない漁業や海水浴場が集中しているため、地元住民や従来産業との摩擦を避けた戦略的な国土利用計画だと捉えることができる。

図9-11　ドイツの洋上風力発電所のマップ[13]

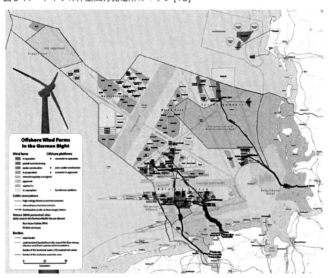

　離岸距離100km前後に多数のOWPPが建設されるため、必然的にHVDC送電が採用され、洋上変換所も必要となる。また、陸上への電力輸送は各OWPP事業者が個々に行うのではなく、陸側の変電所から洋上変換所まではTSOが管轄・運用し、直流送電ケーブルと洋上変換所は公共財に近い性格を持つことになる。OWPP事業者にとってはOWPPからわずか

数km離れた洋上変換所まで接続する交流ケーブルが電源線となる。これによって、離岸距離が長い海域でも発電事業者側が長距離輸送のコストを負担することなく、発電コストが低減されることになる。一方、長距離HVDC送電の建設や維持管理はTSOが負担するが、社会コストが最適化され社会的便益も大きい。この点については9-4-2項のオフショアグリッドおよび9-6-2項の接続コスト分担問題にも関連するため、それらの項で再度言及する。

このように、同じ欧州の洋上風力先行国でもデンマークや英国とドイツでは大きく状況や戦略が異なり、ドイツ特有の国土利用計画がHVDC長距離送電および洋上変換所という技術の発展を促したと言うことができる。

第9章　洋上風力発電の系統連系とコスト　225

9-4　オフショアグリッド

　前節で紹介したHVDC送電と自励式（VSC）コンバータを備えた洋上変換所の組み合わせは、直流多端子（multi-terminal）技術として、これまでと異なる全く新しい電力システムの構成を実現することができる。本節ではこの直流多端子技術とそれの技術の延長線上にあるオフショアグリッド（offshore grid）と呼ばれる欧州の電力システム構想について概観する。

9-4-1　直流多端子技術

　自励式コンバータは他励式と異なり自己消弧可能なスイッチング素子で電圧源として動作するため、単純な2端子だけではなく3端子やそれ以上の多端子接続が可能で、潮流を比較的自由に制御することが可能である。

　直流多端子技術自体は特段新しい技術ではなく、既に1990年代から開発が進んでいたが、欧州では洋上風力発電と組み合わせる形で2010年代前半に研究開発が進められた。

　図9-12はTWENTIESという名称の欧州のプロジェクトの一部として行われた多端子型コンバータの実証試験の構成図である。TWENTIESとは、正式名称を「革新的方法とエネルギー統合ソリューションを用いた風力発電およびその他の再生可能エネルギー電源が大量導入された送電系統の運用」というプロジェクトであり、欧州委員会から出資された総額5680万ユーロ（当時のレートで約70億円）の予算規模を持ち、欧州各国からの系統運用者、発電事業者、風車メーカー、重電メーカー、研究機関が結集して、将来のオフショアグリッドを実現させるための要素技術の実証試験を含む大規模研究プロジェクトである。

　今からちょうど10年前に行われたこのTWENTIESの実証試験では、

図9-12 TWENTIESプロジェクトの5端子メッシュ系統の構成図 [14]

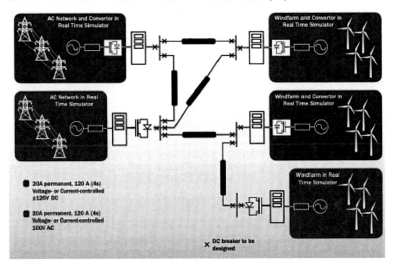

HVDCケーブル、多端子形コンバータ、直流遮断器の実設備を用い、残りの既存交流系統や大規模洋上風力発電所をリアルタイムシミュレータで模擬して、潮流制御や系統事故時の挙動などの実証実験が行われた。

日本でも2010年代後半から国立研究開発法人 新エネルギー・産業技術総合開発機構（NEDO）において5年間で総額約47億円のプロジェクトが設置され、東京電力ホールディングス、住友電気工業、電力中央研究所、東京大学、日立製作所などが参加して図9-13のようなコンセプトで実証実験が行われた[15]。このプロジェクトは2020年度から基盤技術開発と形を変えて継続している[16]。

9-4-2　オフショアグリッド

直流多端子技術が実用化されると、潮流の管理や制御が容易になり、単にある地点からある地点へ再生可能エネルギーの電力を輸送するだけでなく、2つの市場間を接続することで双方向の市場取引をしながら両エリアの市場価格差を解消（すなわち社会厚生の増加による社会的便益の発生）に貢献することになる。このような観点から考案された欧州の

図9-13 NEDOプロジェクトの多端子系統の概念図[15]

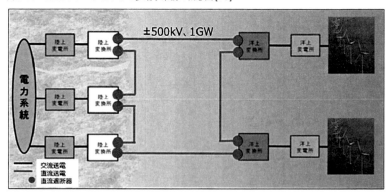

北海・バルト海を中心とした広域系統は「オフショアグリッド（offshore grid）構想」と呼ばれ、2000年代前半から提唱され発展を遂げてきた。

図9-14にオフショアグリッドの基本概念図を示す。図9-14（a）のラジアル型は現在開発が進んでいる多くのOWPPの状況を示しており、個々のOWPPが陸上へ輸送するケーブルを持っており、また、複数のエリア（陸）同士で海底ケーブルによる連系線が敷設されている状態を示す。

図9-14 オフショアグリッドの基本概念図（文献[17]の図を元に筆者作成）

(a) ラジアル型

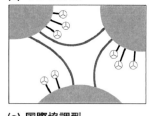

(b) ローカル協調型

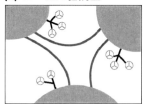

(c) 国際協調型

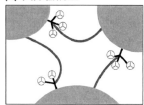

(d) メッシュ型

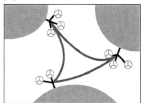

また、図9-14（b）のローカル協調型は、9-3-3項で既に示したドイツの事例のように複数のOWPPをまとめる形で洋上変換所が建設され、そこから陸に対して直流送電で電力が輸送される。図9-14（c）の国際協調型は、複数の風車群が複数の陸上エリアに電力輸送を行うケースであり、2020年12月に試運転が開始されたKriegers Flak発電所[18]がそのコンセプトを先取りしている（但しKriegers Flakは直流多端子ではなくHVAC接続）。

図9-14（d）は最終発展形態として複数の洋上変換所がハブとして複数のルートで複数の陸上エリアに電力を輸送するメッシュ型を示しており、これがオフショアグリッドの最終形態と言える。オフショアグリッドは欧州で2000年代後半から実現可能性研究（FS）や費用便益分析（CBA）が進み、単なる洋上風力の発展系ではなく、汎欧州的なエネルギーネットワークとして、欧州の2050年までの脱炭素政策の一翼と位置付けられている[12],[17]。

このようなオフショアグリッドの基本概念のうち、既に（b）および（c）がドイツやデンマークで実現され、現在建設・計画されているプロジェクトでも進んでいるという点は興味深い。オフショアグリッドに関して日本語で読める資料としては文献[6],[19],[20]も参照のこと。

第9章　洋上風力発電の系統連系とコスト　229

9-5　グリッドコード

　系統連系を考える上でグリッドコード（grid codes）もしくはネットワークコード（network codes）は重要である。何故なら、これらは単に要素技術の要件という「ものづくり」「工学」の側面だけでなく、電力・エネルギー全体の政策との調和という点で政策や規制といった「しくみづくり」「制度設計」にも密接に関連するからである。

9-5-1　グリッドコードの定義

　グリッドコードもしくはネットワークコードは通常、たった一つの文書で示されるものではなく、複数の法令や民間規程などのセットからなる一連のルールである。各国によって名称や定義、運用実態がさまざまに異なるが、国際再生可能エネルギー機関（IRENA）が2016年に発行した報告書において、以下のように包括的に用語の定義が示されている。

- ・広い意味でのグリッドコードは、電力システムおよび電力市場の運用ルールを定めるものであり、これによってネットワーク事業者、発電事業者、電力供給者、電力消費者が市場全体でより効果的に機能できるようになる。グリッドコードは運用の安定性と供給の安定性を確保し、卸市場が十分に機能することに貢献する。接続コード、運用コード、計画コード、市場コードなどがグリッドコードの一例である。（文献[21]より筆者仮訳）

9-5-2　欧州のネットワークコード

　欧州の法体系では、グリッドコードは欧州連合（EU）の規則（regulation）で定められており、Regulation（EC）No 714/2009 [22]では下記のようにコードの制定が法的に要求されている。なお、EUではグリッドコード

でなくネットワークコードという名称が専ら用いられている。

・序文（6）特に、国境を越えた送電網への効果的で透明性のあるアクセスを提供・管理するためのネットワークコードを作成することが要求される。（文献[22]より筆者仮訳）

EUの規則は各国の法律の上に立つ強制力のある法律文書であるため、EU加盟国はこの規則に基づき各国の法令や民間規格を整備しなければならない。また上記のEU規則に従い、欧州のTSO連盟である欧州送電系統運用事業者ネットワーク（ENTSO-E）では、2017年の段階で表9-3のように3つの接続コード、3つの市場コード、2つの運用コードを制定している（表9-3）。

表9-3　ENTSO-Eのネットワークコード（文献[23]の図を元に筆者作成）

3 Connection Codes	3 Market Codes	2 Operational Codes
Requirements for Generators (RfG)	Capacity Allocation & Congestion Management	System Operation Guideline
Demand Connection	Forward Capacity Allocation	Emergency & Restoration
HVDC	Balancing	

また、2016年に施行されたRegulation（EC）2016/631 [24]では発電設備の技術要件（RfG）として発電設備を表9-4のように適用要件によってType A～Dに分類し、さらに表9-5のように同期設備、非同期設備、洋上非同期設備の3つのカテゴリーの定義も行なっている。例えば総容量75MWの洋上風力発電はType Dの洋上非同期設備に分類される。

同規則では、第1条「目的」において

・この規則は、域内電力市場における公正な競争条件を確保し、系統セキュリティと再生可能エネルギー電源の統合を確保し、欧州連合全体の電力取引を促進させる。

・この規則はまた、系統運用者が発電施設の能力を透明かつ非差別的に適切に利用し、域内全域で公平な競争条件を提供するための義務も定めている。（文献[24]より筆者仮訳）

と明示しており、「透明かつ非差別」が謳われている。このように、欧州

第9章　洋上風力発電の系統連系とコスト　231

表9-4　EU 規則 in Regulation（EU）2016/631 における発電設備の分類（文献 [24] の表を元に筆者作成）

分類	説明	連系電圧	設備容量（大陸欧州）*
Type A	・運用範囲における基本的な機能 ・系統運用に関する最小限の制御性と自動応答機能	110 kV 未満	0.8 kW 以上 1 MW 未満
Type B	・より広範囲の自動応答，特定の系統イベントに対する系統回復力に寄与する機能		1 MW 以上 50 MW 未満
Type C	・供給信頼度を確保するための主要なアンシラリーサービスを提供することを目的とした，高度に制御可能なリアルタイムの自動応答機能		50 MW 以上 70 MW 未満
Type D	・系統全体の制御と運用に影響を持つ高圧接続発電設備に特化した規定 ・国際連系系統の安定運用を確実にし，電源からのアンシラリーサービスの利用を欧州大で行うことを可能にする機能	110 kV 以上	75 MW 以上

*北欧、アイルランド島、バルトエリアでは異なる。

表9-5　EU 規則 in Regulation（EU）2016/631 における各種発電設備の定義（文献 [24] を元に筆者まとめ）

term	definition
powergenerating module	either a synchronous powergenerating module or a power park module
power park module	a unit or ensemble of units generating electricity, which is either non-synchronously connected to the network or connected through power electronics, and that also has a single connection point to a transmission system, distribution system including closed distribution system or HVDC system
offshore power park module	a power park module located offshore with an offshore connection point

の発電設備に対する技術要件は、法的な立て付けとしても技術中立的に設計されている。

　グリッドコードまたはネットワークコードに関して日本語で読める資料としては、文献 [25],[26] も参照のこと。

9-5-3　日本におけるグリッドコードの議論

　日本では図9-15に示す通り既に送配電等業務指針、系統連系技術要件、系統連系技術要件ガイドライン、系統連系規程などの既存のルールが存

在するが、2018年3月の経済産業省 総合資源エネルギー調査会 省エネルギー・新エネルギー分科会 新エネルギー小委員会傘下の系統ワーキンググループ（以下、系統WG）において、「新規に系統に接続される電源が従うべきルール」の議論を今後電力広域的運営推進機関（以下、広域機関）で進めることが提案され[27]、これを受けて広域機関にグリッドコード検討会[28]が設置された。この「新規に系統に接続される電源が従うべきルール」は表9-3のRfGに相当する。

図9-15　日本における系統連系に係る現行の規程[27]

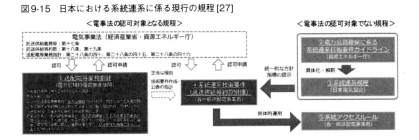

本稿執筆時点（2023年8月）までに13回の会合が開催され、2023年4月から実施された要件化（フェーズ1）が終了し、系統連系技術要件、系統連系技術要件ガイドライン、系統連系規程の改定案がまとめられた[29],[30]。改定案で取り上げられた新たに制定される技術要件を表9-6に示す。この評価は2023年後半以降に行われ、系統連系技術要件の認可申請が一般送配電事業者から行われる予定である[33]。

現在は、2025年前後に要件化を検討する中期（フェーズ2）、2030年前後の長期（フェーズ3）あるいはそれ以降の検討が進んでいる[29],[31]。風車および風力発電所が持つ系統連系制御機能に関しては文献[32]も参照のこと。

なお、前述のEU規則では「透明かつ非差別」が法律文書の第1条に明示されているが、日本におけるこれまでの議論ではこれらの用語は殆ど議論に上っていないという点は留意しなければならない。「透明かつ非差別」は欧州および北米の電力システムないし電力市場の法律文書に数多く登場する言葉であるが、日本では電気事業法や関連省令、規定等でも

第9章　洋上風力発電の系統連系とコスト　233

表9-6 広域機関による各種要件・規程の改定案（文献 [31] の情報を元に筆者まとめ）

【適切な出力制御】
・発電出力の抑制
・発電出力の遠隔制御
【需給変動・周波数変動への対応】
・発電設備の制御応答性
・自動負荷制限・発電制御
・(蓄電設備制御(充電停止))
・周波数変動時の発電出力
　　一定維持・低下限度
・発電設備の運転可能周波数(下限)
・発電設備の並列時許容周波数
　　*高圧は2025年4月
・単独運転防止対策
・事故時運転継続
(Phase Angle Ride Through 含む)
・発電設備早期再並列
(発電設備所内単独運転)
【電圧変動への対策】
・電圧・無効電力制御(運転制御)：特高
　　(インバーター電源の電圧一定制御を除く)
・電圧変動対策(力率設定) *2025年4月
・運転可能電圧範囲と継続時間
・電圧フリッカの防止
【同期安定度への対応】
・事故除去対策(保護継電器動作時間)
【その他】
・系統安定化に関する情報提供
・事故電流に関する情報提供
・慣性力に関する情報提供

登場頻度はあまり多くない。これらの規程が新規技術である再生可能エネルギーに対して過度な規制や要求事項にならず、ネットワークインフラや市場の「透明かつ非差別」な利用が妨げられないよう注視が必要である。

9-6 洋上風力発電のコスト

　本稿の最後に、洋上風力の系統連系に関連するコストについて紹介する（系統連系以外の洋上風力全体のコスト動向やコスト低減化のための要素技術に関しては文献[33]-[36]を参照のこと）。

9-6-1　洋上風力発電のコスト動向とコスト構造

　国際再生可能エネルギー機関（IRENA）の調査によると、世界の洋上風力発電プロジェクトの建設コストおよび均等化発電原価（LCOE：Levelised cost of energy）の分布および加重平均は図9-16のようになり、年によって若干の増減はあるものの、近年大きく低減傾向にある。

図9-16　洋上風力発電の建設コストおよびLCOE動向 [37]

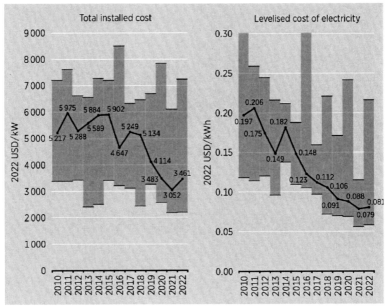

また、OWPPの建設コストのうち、電気設備や系統連系に関わるコストは、同じくIRENAの調査によると図9-17に見るように10〜25%の範囲と推定され、陸上風力よりも比較的大きな比率を占めるようになっている。

図9-17　OWPPの建設コスト内訳 [37]

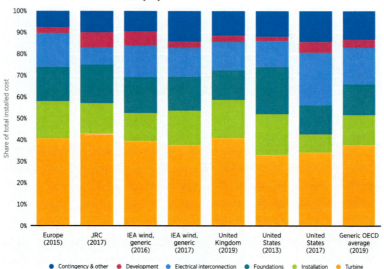

9-6-2　新規電源の接続コスト分担問題

　OWPPにとっては、特に発電所と陸上系統を結ぶ送電線の所有やコスト分担（cost allocation）が連系コストに大きく関連することとなる。図9-18は洋上風力に限らず全ての発電所に共通する系統接続コストの分担の考え方を表した図である。

　特に再生可能エネルギー電源の導入が先行する欧州ではこのコスト分担の考え方は2000年代より議論が進み、誰がコスト負担をするかによって主にシャロー（shallow）方式とディープ（deep）方式という名称でコスト分担の方式が分類されている [6],[38]。前者のシャロー方式は、新規の発電所のために新しい送電線の建設が必要な場合に既存の送配電網の

図9-18 発電所の系統接続コストの分担の考え方[39]

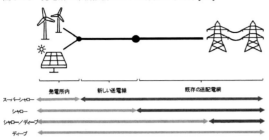

増強分を送電系統運用者（欧州ではTSO、日本では一般送配電事業者）が負担する方式であり、後者のディープ方式は発電事業者が負担する方式である。

　その他、新規の送電線も含め全てのコストを系統運用者が負担するスーパーシャロー方式や、既存送配電網の一部を発電事業者が負担するというシャローとディープの中間のようなシャロー／ディープ方式も存在する。例えば日本の水力発電や原子力発電は（建設当時は発送電分離がされておらず発電事業と系統運用が渾然一体となっていたが）、新規送電線の建設コストが発電コストに計上されていないという点で、スーパーシャローに分類することができる。

　欧州の洋上風力発電の文脈で上記の系統接続コストを考えた場合、ドイツは離岸距離100km前後のOWPP建設海域のすぐ近くに洋上変換所が建設され、その変換所および陸上から変換所までの長距離HVDCケーブルの建設コストはドイツのTSOが負担している。ベルギーでも離岸距離は短いが洋上変換所に複数の事業者のOWPPが接続し（表9-2参照）、陸上へはTSOが所有・運用するHVDCで接続されているという点で同様である。したがって、これらの接続方式はスーパーシャローの一形態ということができる（ただし、OWPPから洋上変換所までの数〜十数kmは電源線として発電事業者が負担する）。

　このようなコスト負担は一見、風力発電事業者に有利で系統運用者に不利なように見え、託送料金（欧州ではネットワークコスト）を押し上げ「国民負担」が増えるかのように日本では解釈されがちである。しか

し、欧州委員会が出資するBEST PATHSという名の研究開発プロジェクトの費用便益分析（CBA）によると比較的大きな社会的便益が生み出されることが明らかになっており[40]、結果として社会コスト（発電コスト＋系統コスト）を最小化できることになる。つまり、系統接続コストの分担の考え方は社会コスト最適化や社会的便益最大化の観点から考えなければならず、CBAのような定量評価が必要となる。その結果、ドイツでは洋上風力発電にスーパーシャロー方式（あるいはそれに限りなく近い形態）が採用され、離岸距離が非常に長いという特徴を持ちながら発電コストの低減が実現できたと考えることができる。送電網の費用便益分析に関しては文献[41]も参照のこと。

9-6-3　洋上風力発電所のリードタイムと手続きコスト

また、発電所建設にあたってのリードタイム（系統接続手続きおよび許認可のための手続き時間）をできるだけ短くすることも発電コストの低減を考える上で重要である。例えば欧州風力発電協会（EWEA、現・Wind Europe）が2010年に発行した風力発電の障壁研究の報告書では、図9-19のような調査結果が示されており、そこでは2008年時点で系統接続手続きに要する時間は欧州平均で14ヶ月（1.17年）、系統接続手続きのコストは総コストの約6%であることが明らかになっている[42]。

図9-19　欧州の洋上風力発電のリードタイムと系統接続協議および許認可コスト（2008年当時）（文献[42]の情報を元に筆者作成）

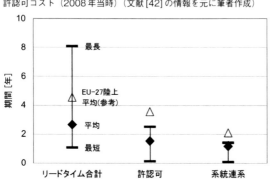

同報告書では陸上風力発電の系統接続手続きに要する時間も25.8ヶ月（2.15年）と報告されており、陸上風力に比べむしろ洋上風力の方がリードタイムが短いという点は、注目に値する。系統接続手続きおよび許認可手続きを含む洋上風力発電のリードタイムは、その後、OWPPの規模が大きくなるにつれ長くなる傾向にあるが[37]、2022年2月のロシアによるウクライナ侵略を受けてIEAは『欧州連合の天然ガスのロシア依存度を減らすための10項目の計画』を2022年3月に公表し、「再生可能エネルギーの設備容量の追加を更に迅速に進めるための協調的な政策努力」を打ち出している[43]。その内容は、「許認可の遅延に対処することで完成時期を早めることができる系統規模の風力発電や太陽光発電のプロジェクトである。これには、各種許認可機関の責任の明確化と簡素化、行政能力の向上、許認可プロセスの明確な期限設定、申請書の電子化などが含まれる」[43]。

このようなリードタイムの短縮は、エネルギー危機や気候危機への迅速な対応という側面だけでなく、再生可能エネルギーの発電コストの低廉化に確実に貢献する。

9-6-4　セントラル方式

前項の障壁研究の報告書では風力発電の導入を妨げる「障壁」を如何に緩和するかが提言されており、特に上記のような制度上のコスト上昇要因に着眼点が置かれている。このような欧州全体での障壁研究の成果は、後にオランダなどが採用した「セントラル方式」に反映されることになる。

セントラル方式は、表9-7のように調和の取れた一連の政策パッケージとなっており、事業者にとって最も好ましい条件を政府が周到かつ入念に用意したものである。これによって産業界も健全な競争が促され、低価格での落札が2016年以降多く見られている（9-6-1項の図9-16参照）。このセントラル方式の中で特に「系統接続に政府が責任を持つ」ことが盛り込まれている点は重要である。

第9章　洋上風力発電の系統連系とコスト

表9-7　セントラル方式とオランダの事例（文献[36]の表を筆者再構成）

政策	オランダの事例
1. 長期の明確な導入計画	オランダ政府が大規模(3.5GW)な洋上風力を2023年までに導入することを発表。
2. 系統接続に政府が責任を持つ	系統接続とその設備はTSOが供給。
3. 政府がプロジェクトを開発	国が開発に責任を持ち、環境アセスなどを行う。
4. 建設許可と補助金助成の一元化	建設許可と補助金の助成のプロセスが一体化している。
5. 巨大なプロジェクト規模	各入札350MW×2のプロジェクト規模。規模の利益が得られやすい。
6. プロジェクトの標準化	個々のプロジェクトが類似な条件のため、標準化しやすい。
7. 恵まれたプロジェクト条件	水深16〜38m、離岸距離22kmと現在の技術で十分対応できる条件。

　日本でも「日本版セントラル方式」が政府主導で開始され[44]、そこには「系統接続の確保」は盛り込まれたが、現時点では「系統確保スキームの在り方を検討していく」段階に留まり、事業者のリスク低減やひいては発電コストの低廉化を促す制度設計になり得ていないのが現状である。

　一方で、日本では、「2030年までというショートタームで対応可能な再エネは太陽光しかない」[45]という発言が政府審議会でも委員から発言されるなど、先行する欧州の情報を十分に調査しないまま誤った認識が広く流布されている。しかし本来、風力発電のリードタイムは適切な政策や制度設計によって十分短縮化できることが図9-19などの先行事例からも明らかになっており、それが日本において実現できていないとしたら、それは政策や制度設計の不備や不作為を意味することにほかならない。

　同様にコストに関しても、日本では規模の経済や要素技術での解決ばかりが着目されがちであるが、リードタイムの短縮化など適切な政策や制度設計によって産業界のリスクを低減させ投資やイノベーションを惹起し、不自然な外部不経済を生まない適切な競争を促し、社会コストを最小化しながら社会的便益を最大化する方法論は、欧州をはじめとする洋上風力発電の先行国で多くの学術研究や実績が蓄積されている。

9-7　おわりに

　本稿では、洋上風力発電の系統連系に関して、ケーブル構成や洋上変電所（9-2節）、高圧交流（HVAC）や高圧直流（HVDC）ならびに自励式コンバータや洋上変換所（9-3節）、直流多端子技術やオフショアグリッド構想（9-4節）について技術的な解説を行なった。また、9-5節では系統連系に必要なグリッドコードについて欧州の事例と日本において進行する議論について紹介し、9-6節では系統連系に関連するコスト問題とその低減策に関して論じた。

　欧州では洋上風力発電は既に20年以上の歴史を持つが、日本では本格的な洋上風力発電所が運開したのは2023年1月とつい最近のことであり、洋上風力発電の歴史は緒に着いたばかりである。先行する欧州の洋上風力発電の歴史は事故やトラブルなどの失敗を繰り返しながらも産業を成長させてきた積み重ねの上に成り立っている。後発者の日本は、先行国の経験に真摯に学び、いたずらに独自路線を歩まず、先行者が失敗した点を巧妙に回避しつつ、地道に後発者利益をとりながら世界の趨勢に追い付かなければならない。本稿の情報がその一助となれば幸いである。

参考文献

[1] KIS-ORCA（Offshore Renewable & Cable Awareness）：'London Array offshore wind farm, Kingfisher wind farms chart'，January 2021（. accessed Aug.21 2023） https://kis-orca.org/wp-content/uploads/2020/12/Chart-13-London-Array-2021.pdf

[2] 日本産業規格 JIS C 1400-00：2023，風力発電システム 第0部－ 風力発電用語（2023）.

[3] T. Ackermann： Windfarm Power connection, Chapt. 6 in "Offshore Wind Power", ed. by J. Twidell and G. Gaudiosi, Multi-Science Publishing, Essex, UK（2020）【日本語訳】日本エネルギー学会訳：洋上風力発電，鹿島出版会（2011）

[4] 電気学会 風力発電大量導入時の系統計画・運用・制御技術調査専門委員会：風力発電大量導入時の系統計画・運用・制御技術，電気学会技術報告，No.1496（2021）

[5] Wikimedia Commons： Gunfleet Sands 1 & 2 offshore substation UK 2017.png（. CC-BY-SA-2.0）（accessed Aug.21 2023）
https://commons.wikimedia.org/wiki/
File:Gunfleet_Sands_1_%26_2_offshore_substation_UK_2017.png

[6] T. Ackermann ed.：Wind Power in Power Systems, Wiley & Sons（2012）【日本語訳】日本エネルギー学会訳：風力発電導入のための電力系統工学，オーム社（2013）

[7] 4C Offshore： Offshore Substation Database （subscription version）（accessed Aug.21 2023）
https://www.4coffshore.com/transmission/substations.aspx

[8] 北小路結衣花： 福島復興・浮体式洋上ウィンドファーム実証研究事業（3） － 洋上サブステーション浮体の建造と曳航・設置について，日本マリンエンジニアリング学会誌，Vol.50, No.1, pp.24-29（2015）

[9] 福島沖での浮体式洋上風力発電システム実証研究事業総括委員会：福島沖での浮体式洋上風力発電システム実証研究事業 総括委員会最終

報告書，令和4年8月（2022）https://www.enecho.meti.go.jp/category/
saving_and_new/new/information/220824a/report_2022_0.pdf

[10] NS Energy： Elia Modular Offshore Grid Project, North Sea（, accessed Aug.21 2023） https://www.nsenergybusiness.com/projects/elia-modular-offshore-grid-project-north-sea/

[11] Siemens Energy： Gas-insulated DC Switchgear （DC GIS）https://www.siemens-energy.com/global/en/offerings/power-transmission/portfolio/gasinsulated-switchgear/dc-gis.html

[12] Wikimedia Commons： HGÜ Offshore Plattform Helwin 1＋2.jpg （CC-BY-SA-4.0）（accessed Aug.21 2023）
https://commons.wikimedia.org/wiki/File:HGÜ_Offshore_Plattform_Helwin_1% 2B2.jpg

[13] Wikimedia Commons： Map of the offshore wind power farms in the German Bight.png （CC-BY-SA-2.0）（accessed Aug.21 2023）
https://commons.wikimedia.org/wiki/File:Map_of_the_offshore_wind_power_farms_in_the_German_Bight.png

[14] TWENTIES project： Final report （2013）　（accessed Aug.21 2023）
http://www.ewea.org/fileadmin/files/library/publications/reports/Twenties.pdf

[15] NEDO：「次世代洋上直流送電システム開発事業」事後評価報告書（案）概要，第63回研究評価委員会資料3-5（2021）（accessed Aug.21 2023）https://www.nedo.go.jp/content/100927310.pdf

[16] NEDO：多用途多端子直流送電システムの基盤技術開発（2020）（accessed Aug.21 2023）　https://www.nedo.go.jp/activities/ZZJP_100183.html

[17] NSCOGI ： The North Seas Countries' Offshore Grid Initiative – Initial Findings, Final Report （2012）.（accessed Aug.21 2023）　https://www.benelux.int/files/1414/0923/4478/North_Seas_Grid_Study.pdf

[18] 50hertz：Kriegers Flak – Combined Grid Solution（accessed Aug.21 2023）https://www.50hertz.com/en/Grid/Griddevelopement/Concludedprojects/CombinedGridSolution

第9章　洋上風力発電の系統連系とコスト　243

[19] 安田陽：欧州のオフショアグリッド構想 ～電力系統は海を目指す～，風力エネルギー，Vol.37，No.3，pp.300-305（2013）

[20] 安田陽：欧州の洋上風力を中心とした電力広域ネットワーク，風力エネルギー，Vol.42, No.4, pp.482-485（2018）

[21] International Renewable Energy Agency（IRENA）：Scaling up variable renewable power： the role of grid codes（2016）

[22] European Union： REGULATION （EC） No714/2009 OF THE EUROPEAN PARLIAMENT AND OF THE COUNCIL of 13 July 2009 on conditions for access to the network for cross-border exchanges in electricity and repealing Regulation （EC） No 1228/2003

[23] ENTSO-E： Network Codes （accessed Aug.21 2023） https://annualreport2016.entsoe.eu/networkcodes/

[24] European Union： COMMISSION REGULATION （EU） 2016/631 of 14 April 2016 establishing a network code on requirements for grid connection of generators

[25] 東京海上日動リスクコンサルティング：経済産業省委託 平成30年度 新興国におけるエネルギー使用 合理化等に資する事業（海外における再生可能エネルギー等動向調査）調査報告書（公表用）（2019）（accessed Aug.21 2023）
https://www.meti.go.jp/meti_lib/report/H30FY/000766.pdf

[26] International Energy Agency（IEA）：System Integration of Renewables, An update on Best Practice（2018）【日本語訳】荻本和彦他監訳：再生可能エネルギーのシステム統合－ベストプラクティスの最新技術（2018）https://www.nedo.go.jp/content/100879811.pdf

[27] 資源エネルギー庁：グリッドコードの体系及び検討の進め方について，第20回系統ワーキンググループ資料1（2019, 12） https://www.meti.go.jp/shingikai/enecho/shoene_shinene/shin_energy/keito_wg/pdf/020_01_00.pdf

[28] 電力広域的運営推進機関：グリッドコード検討会ウェブサイト（accessed Aug.21 2023） https://www.occto.or.jp/iinkai/gridcode/

[29] 電力広域的運営推進機関：再エネ大量導入のために必要となるグリッドコードの検討，第36回系統ワーキンググループ資料5（2022, 3）https://www.meti.go.jp/shingikai/enecho/shoene_shinene/shin_energy/keito_wg/pdf/036_05_00.pdf

[30] 電力広域的運営推進機関：第10回検討会，第10回グリッドコード検討会資料3（2022, 6）https://www.occto.or.jp/iinkai/gridcode/2022/files/gridcode_10_03.pdf

[31] 電力広域的運営推進機関：第13回検討会の位置づけと資料内容，第13回グリッドコード検討会資料3（2023, 6）https://www.occto.or.jp/iinkai/gridcode/2023/files/gridcode_13_03.pdf

[32] 鈴木和夫：風車の系統連系制御機能活用推進，風力エネルギー，Vol.42, No.4, pp.446-451（2018）

[33] 木村啓二：世界の風力発電の発電コストと経済性，風力エネルギー，Vol.44, No.1, pp.3-6（2020）

[34] 菊池由香：IEA Task26：風力発電コストの国際比較，風力エネルギー，Vol.44, No.1, pp.7-10（2020）

[35] NEDO による洋上風力発電の低コスト化技術開発に関する取組み，風力エネルギー，Vol.44, No.1, pp.25-28（2020）

[36] 山田正人：欧州洋上風力発電事業入札価格の動向・背景とそこから日本かが学べること，経済産業省 第3回再生可能エネルギーの大量導入時代における政策課題に関する研究会，資料2 （2017, 6）https://www.meti.go.jp/committee/kenkyukai/energy_environment/saisei_dounyu/pdf/003_02_00.pdf

[37] International Renewable Energy Agency（IRENA）：Renewable Power Generation Cost in 2021（2022）

[38] 安田陽：FIT 制度導入後の風力発電と電力システムの現状と課題，太陽エネルギー，Vol.48, No.4, pp.18-35（2022）【本書第8章】

[39] 内閣府：参考資料（構成員提供資料），第3回再生可能エネルギー等に関する規制等の総点検タスクフォース，資料3-2（2021, 1）https://www8.cao.go.jp/kisei-kaikaku/kisei/conference/energy/

20210108/210108energy05.pdf

[40] BEST PATHS： Cost Benefit Analysis, BEST PATHS deliverable fact sheet 13.4 （2018） （accessed Aug.21 2023）

http://www.bestpaths-project.eu/contents/publications/

bestpaths_d134-cost-benefitanalysis-v4.pdf

[41] 安田：風力発電が社会にもたらす便益，風力エネルギー，Vol.44, No.1, pp.32-35（2020）【本書第4章】

[42] European Wind Energy Association（EWEA）：WindBarriers – Administrative and grid access barriers to wind power （2010） （accessed Aug.21 2023）http://www.ewea.org/fileadmin/files/library/ publications/reports/WindBarriers_report.pdf

[43] IEA： A 10-Point Plan to Reduce the European Union's Reliance on Russian Natural Gas（2022） （accessed Aug.21 2023）

https://www.iea.org/reports/a-10-point-plan-toreduce-the-european-unions-reliance-on-russiannatural-gas

[44] 経済産業省資源エネルギー庁，国土交通省港湾局：洋上風力発電に係るセントラル方式の運用方針［骨子］(2023)

https://www.enecho.meti.go.jp/category/saving_and_new/saiene/

yojo_furyoku/dl/legal/central_unyou_kosshi.pdf

[45] 経済産業省：第42回総合資源エネルギー調査会 基本政策分科会議事録（2021，4） https://www.enecho.meti.go.jp/committee/council/

basic_policy_subcommittee/2021/042/042_007.pdf

10

第10章 再生可能エネルギー超大量導入を実現する系統柔軟性

◎初出：エネルギー・資源, Vol.45, No.2, pp.34-41 (2024)

　この論考は、エネルギー・資源学会の学会誌『エネルギー・資源』にて組まれた「日本における再エネ早期大量導入には何が必要か？」と題する特集に寄稿した解説論文です。このような形で柔軟性に特化した解説論文の執筆の機会をいただけたのは大変光栄です。

　第5章でも紹介した通り、世界では2050年に電源構成における再生可能エネルギーの比率が9割に達し火力発電がわずか数％となるという将来像が描かれています。そのような国際情報を日本の方に提供するたびに多くの反論をいただきますが、それは単に柔軟性という最新技術の用語・概念が多くの日本の方に「知らされていない」からだと推測できます。

　筆者は本稿の中でも、「現在の日本では、『調整力』という古典的用語と20世紀的発想が無省察に使い続けられ、柔軟性という新しい時代の新しい用語や概念が政策決定者やジャーナリスト、場合によっては専門研究者にさえも十分浸透していない。このことこそが、再生可能エネルギー超大量導入の最大の障壁になっているとも言える」と警告しています。本書編集時点（2024年7月）で議論が進む第7次エネルギー基本計画でどのような用語表現や概念が盛り込まれるか（あるいは盛り込まれないか）、非常に気になるところです。

10-1　はじめに：「2030年までに再エネ3倍」の背景

10-1-1　COP28合意事項の背景

　2023年11〜12月に国連気候変動枠組条約第28回締約国会議（COP28）が開催された。COP28では、パリ協定の実施状況を検討し長期目標の達成に向けた全体としての進捗を評価する仕組みであるグローバル・ストックテイク（GST）について、下記のような合意文書が公表された[1]（筆者仮訳。太字部は筆者）。

・28. さらに、1.5℃の道すじに沿った温室効果ガス排出量の大幅で迅速かつ持続的な削減の必要性を認識し、パリ協定および各国の異なる状況、道すじ、アプローチを考慮に入れ、国ごとに決定された方法で、以下の世界的な努力に貢献するよう締約国に求める

　（a）**2030年までに再生可能エネルギーの容量を世界全体で3倍にし**、エネルギー効率の改善率を世界全体で年平均2倍にする
　（後略）

　この**「2030年までに再生可能エネルギーの容量を世界全体で3倍」**という情報は、COP28の開催中から日本の各種メディアでも報道されたが、実はこの「2030年までに3倍」という数値自体は今回初めて出てきたものではなく、これ自体別段目新しい情報でもない。

　この数値は、COP28の2年も前の2021年の段階で、国際エネルギー機関（IEA）や国際再生可能エネルギー機関（IRENA）がパリ協定を遵守するための将来シナリオとして発表していたものである[2],[3]。これらのシナリオはその後アップデートされ、2023年にそれぞれ最新版が公表されているが[4],[5]、ロシアによるウクライナ侵略といったネガティブな事象を経たあとでも、その数値は後退するどころか漸増している。

COP28での合意の意義は、この数値そのものではなく、この数値目標が国連気候変動枠組条約の全ての加盟国間で合意できた、という点にある。国際機関の報告書も当該機関の参加国政府の意向はある程度反映されているが、単に国際機関の一報告書というレベルではなく、改めてCOPという地球上のほぼ全ての国・地域が集う国際会議においてその数値が合意できたという点にこそ、大きな意義がある。

　余談ではあるが、COP28では「2050年までに原子力発電の容量を3倍」という宣言も出された[6]。これは上記のIEAやIRENAのシナリオに比べやや過剰な目標であり（IEAのNZEシナリオでは2022年に対する2050年の原子力容量比は2.2倍に過ぎない[4]）、結果的に二十数ヶ国の賛同しか得られず、GSTの合意文書には盛り込まれなかった。

10-1-2　「2030年までに再エネ容量3倍」のその先

　図10-1は、IEAの報告書[2],[4]に掲載された表からNZE（Net Zero Emission）シナリオにおける現在（2022年）～2050年までの全世界の再生可能エネルギー電源の設備容量の見通し（左軸）をグラフ化したものである。なお、図10-1では、比較のために日本政府が公表する2030年の再生可能エネルギー電源の導入目標（右軸）も併記している。

図10-1　世界全体および日本の再生可能エネルギー容量将来見通し（文献 [4],[7],[8] より筆者作成）

第10章　再生可能エネルギー超大量導入を実現する系統柔軟性　｜　249

COP28で合意された「2030年までに3倍」という数値の科学的根拠は、このグラフに示されるIEAのNZEシナリオや、IRENAの1.5℃シナリオに基づいている。ここで重要なのは、「さらにその先の」見通しが立てられている点である。すなわち、このIEAのシナリオに基づくと、パリ協定の1.5℃目標を遵守するためには全世界で2050年までに現在の8倍以上、IRENAのシナリオでは約12倍の再生可能エネルギー電源が必要になる。もはや、「2030年までに3倍」で満足したり、できない言い訳を考えている場合ではない。それが、COP28での「2030年までに3倍」の合意の裏糸に織り込まれている背景である。

　図10-1は縦軸を設備容量で取ったグラフであったが、総発電電力量に対する再生可能エネルギーの発電電力量の比率で評価すると、図10-2のようになる。ここでも比較のため、日本政府の見通し（2030年に36〜38%[9]、2050年に50〜60%[10]）を併記してある。

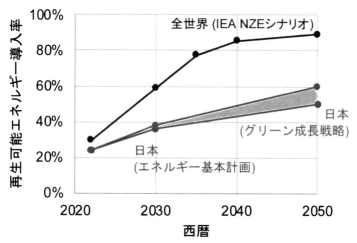

図10-2　世界全体および日本の再生可能エネルギー導入率将来見通し（文献[4],[7],[9],[10]より筆者作成）

　資源エネルギー庁の資料[8]では日本の2030年までの再生可能エネルギー導入容量は「野心的目標」と表現されているが、世界全体の導入見通しに比べ大きく劣後しているのは図10-1および図10-2のグラフから明らかである。2050年の全世界で容量8〜12倍、導入率約90%のシナリオ

に日本がどれだけ貢献できるか、とても心許ないレベルとなっている。

10-1-3 バックキャスティングの発想

　日本では、日本のグリーントランスフォーメーション（GX）を評価する際に「欧州のような一足飛びの脱炭素でなく段階的に…」[11]といった形で、メディアを通じて国際動向が恣意的に歪曲されがちである。しかし、ここまでの議論で明らかな通り、脱炭素を「急ぐ」のは欧州だけではなくむしろ国連やIEA、IRENAなどの国際機関である。そしてそれは（さまざまな後ろ向きな議論もあるものの）COPにおいて徐々に世界の全ての国の合意となりつつある。

　国際機関が脱炭素を「急ぐ」のは、国連が掲げる持続的な開発目標（SDGs）に合致しており、これまた国連の機関の一部である国連環境計画（UNEP）と世界気象機関（WMO）によって設立された気候変動に関する政府間パネル（IPCC）の科学的知見に基づくものだからである。

　それ故、種々の国際機関が公表する将来シナリオや見通しでは、図10-3にみるように、現状の技術や政策の枠内で実行可能な数値を積み上げたフォワードキャスティングではなく、将来のあるべき姿（例えば1.5℃目標）から逆算したバックキャスティングの考えが色濃く反映されている。従来の積み上げ方式で算出されがちな国が決定する貢献（NDC）は、依然としてパリ協定が掲げる1.5℃目標と大きく乖離しているが、この原因もバックキャスティングとフォワードキャスティングとの乖離に帰着する。

　因みに、COP28のGST合意文書[1]では**決定的な10年間critical decade**という用語が5回登場し、この決定的な10年間に「急ぐ」ことが繰り返し強調されているが、日本政府のCOP28結果概要[13]では何故かこの用語は全く登場しない。図10-1および図10-2の世界と日本の将来目標（あるいは見通し）のギャップは、このバックキャスティングとフォワードキャスティングとの乖離を象徴していると言えよう。

第10章　再生可能エネルギー超大量導入を実現する系統柔軟性　251

図10-3　フォワードキャスティングとバックキャスティングの概念図 [12]

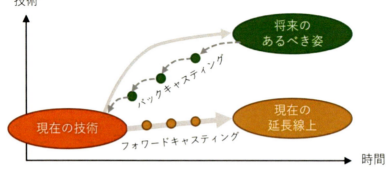

10-1-4　再エネ超大量導入時代に向けて

　これまで見てきたように、IEAやIRENAなど複数の国際機関がパリ協定1.5℃目標遵守に向けて、2030年までに全世界で再生可能エネルギー電源の容量を3倍（COP28で合意）、2050年には8～12倍、そして導入率では約9割というシナリオを立てている。図10-4に改めてIEAのNZEシナリオにおける2040年および2050年の電源構成を示す。図から見て明らかな通り、単に再生可能エネルギーが8～9割になるだけでなく、既に2040年の段階で火力発電はわずか3％程度となる。

図10-4　IEA NZEシナリオにおける2040年（左図）および2050年（右図）の電源構成（文献[4]より筆者作成）

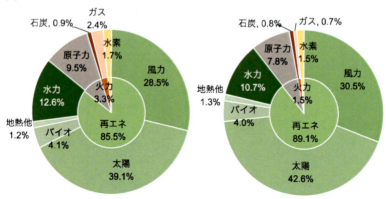

　このような再生可能エネルギー超大量導入時代では、調整力はどうす

るのだろうか？　日本において多くの方が、とりわけ従来の電力工学に詳しい人ほど「無理だ」「できっこない」と反応するかもしれない。日本では「再エネは不安定で火力による調整力が必要」「蓄電池がないと再エネはもう入らない」という必ずしも最新の科学的知見に基づかない言説が多く流布しており、研究者ですらそれを無省察に受け入れてしまう傾向にある。

　しかし、世界の最先端の研究や実務は確実に、このIEAやIRENAが描く再生可能エネルギー9割、そして火力わずか数％の将来が2040年頃に（場合によっては前倒しでもっと早く）やってくることを念頭に置いて、将来の布石を打っている。そのソリューションが、本稿の主題となる**系統柔軟性grid flexibility**である。

10-2 系統柔軟性

系統柔軟性とは、端的にいうと従来の調整力regulation powerや予備力reserveの上位概念である。

10-2-1 多様性のある柔軟性供給源

再生可能エネルギー、とりわけ変動性再生可能エネルギー（以下、VRE）の大量導入を支える技術として、例えばIEAは既に2011年の段階で柔軟性に関する報告書を公表している[14]。図10-5は同報告書に記載された図の筆者による日本語訳であるが、図に示すように柔軟性は①ディスパッチ可能（制御可能）な電源、②エネルギー貯蔵、③連系線、④デマンドサイド、のような多様な供給源から供給される。

図10-5 IEAによる柔軟性の概念図（文献[14]の図を筆者翻訳してアレンジ）

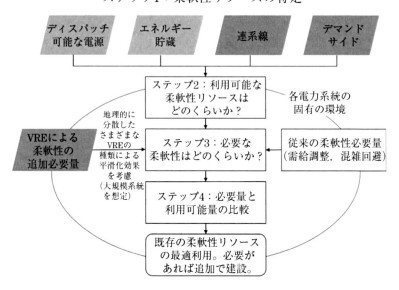

①のディスパッチ可能な電源については、火力発電だけでなく水力や
バイオコジェネからも質の高い柔軟性を得ることができる。実際に欧州
では、数百基からなる中小規模のバイオコジェネから供給される柔軟性
を仮想発電所（VPP）として集合化（アグリゲート）し、時間前市場や
需給調整市場で市場取引をして需給調整に貢献するアグリゲータービジ
ネスが10年ほど前から行われている[15]。

②のエネルギー貯蔵も、蓄電池や水素だけでなく熱貯蔵（温水貯蔵）
や揚水発電など既に技術が確立された低コストの設備を用いることがで
きる。デンマークでは温水貯蔵が蓄電池よりも10〜100分の1程度の低コ
ストで実現できるエネルギー貯蔵装置として[16]、またセクターカップ
リングの重要な要素として多数導入されている。セクターカップリング
と柔軟性の関係については文献[17]も参照のこと。

更に、③の連系線は発電設備ではないため従来の考え方に基づくと供
給力や予備力として計上されずその便益が過小評価されがちである。し
かし隣接エリアと連系することにより他エリアの柔軟性供給源を広域で
管理することができ、結果的に柔軟性の選択肢を広げることになる。

④のデマンドサイドから提供される柔軟性も、例えば空調や冷蔵・冷
凍設備、更には電気自動車（EV）の電力市場価格に連動した応答、そし
てそのアグリゲーション技術など、将来が期待される。

柔軟性の詳しい定義については、文献[18]も参照のこと。

10-2-2　柔軟性供給源の優先順位

図10-5のIEAによる柔軟性の概念図には、もうひとつ重要な方法論が
内包されている。それは図中のステップ1から4にかけて、（ⅰ）柔軟性
供給源のポテンシャルがどれくらいあるか、（ⅱ）今現在、利用可能な柔
軟性がどれくらい存在するか、（ⅲ）今後どのくらいのVREが導入され
るか、（ⅳ）必要となる量と利用可能な量はどれくらいか、また、必要が
あればいつまでにどのような柔軟性供給源を追加するか、を評価する手
順である。この手順は、社会コストを最小化し社会的便益を最大化する

第10章　再生可能エネルギー超大量導入を実現する系統柔軟性　255

という考え方で科学的・合理的に柔軟性供給源が選択されていく、という意思決定の方法論でもある。

このような観点から、各国の実務の知見・経験やシミュレーション結果から得られた柔軟性の選択順位を図10-6および図10-7に示す。図10-6および図10-7は異なる国際機関の異なる報告書で公表されたものであるが、いずれも可能な限り**費用便益分析**など経済学的な定量評価を行い、VRE導入率の低い段階から高い段階にかけて、社会コストの安いものから順次利用していくという共通のコンセプトを有している。

図10-6　IEAによる柔軟性の選択肢と優先順位 [19]

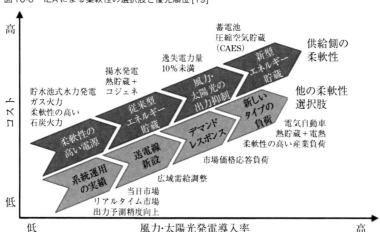

10-2-3 「ものづくり」だけでなく「しくみづくり」

図10-6および図10-7を注意深く観察すると、ガス火力や蓄電池など単なる「ものづくり」的設備導入型の選択肢だけではないことがわかる。系統運用や市場など「しくみづくり」的ソリューションも挙げられている点は、大いに示唆に富む。

事実、VRE大量導入が先行する欧州では、2010年代に市場設計や市場運用が段階的に改善され、市場の短時間化、すなわち15分幅の短時間商品の取引や市場閉場時間（ゲートクローズ）を実供給時間の5分前まで

図10-7 IRENAによる柔軟性の類型とコスト [20]

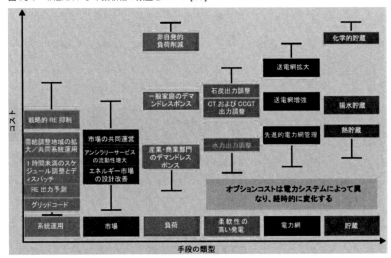

とする短縮化が行われている[21]。その結果、時間前市場の取引が飛躍的に増大し、その帰結として需給調整市場の約定量が低減する傾向がドイツやスペインなどで観測された[21],[22]。

　通常、市場約定量の低下は市場の不活性化を意味し、歓迎されない。しかし、需給調整市場はシングルバイヤーオークションであるため、時間前市場で需給調整がある程度解決して「調整力」の約定量が結果的に少なくなるのは、悪いことではない。むしろ、電力の安定供給の観点からも二酸化炭素排出量削減の観点からも好ましい結果となる。このことはすなわち、柔軟性の取引の多くが需給調整市場から時間前市場に移ったことを意味する。このような考え方は、従来の古典的な「調整力」という用語を用いている限りなかなか出てこない。

　表10-1はIRENAによる再生可能エネルギー大量導入のために提案されたイノベーションの一覧である。ここでは全部で30項目のイノベーションが提示されているが、その中でいわゆる「ものづくり」に相当する実現技術は全体の約3分の1を占めるに過ぎない。それ以外はビジネスモデルや市場設計、系統運用など「しくみづくり」の分野である。そしてこれらの項目のほとんどが、如何に既存の設備を利用しながら効率よく柔

軟性を向上させるか、という点に着眼点が置かれている。

表 10-1　IRENA による再生可能エネルギー大量導入のためのイノベーション（文献 [23] より筆者まとめ）

●実用技術	●市場設計
1.　大規模蓄電池 2.　ビハインド・ザ・メーター（需要側）蓄電池	17.　電力市場における時間分解能の向上 18.　電力市場における空間分解能の向上 19.　革新的なアンシラリーサービス 20.　容量市場の再設計 21.　地域市場
3.　電気自動車のスマートチャージ 4.　再生可能エネルギーによるパワー・トゥ・ヒート (P2H) 5.　再生可能エネルギーによるパワー・トゥ・水素 (P2H2)	
6.　モノのインターネット (IoT) 7.　AI とビッグデータ 8.　ブロックチェーン	22.　時間別料金制度 23.　分散型エネルギー源の市場統合 24.　ネットビリング制度
9　再生可能エネルギーのミニグリッド 10.　スーパーグリッド	●系統運用
	25.　配電系統運用者 (DSO) の将来的役割 26.　送電系統運用者 (TSO) と DSO の協力
11.　従来型発電所における柔軟性	
●ビジネスモデル	27.　VRE 電源の先進的予測方法 28.　揚水発電の革新的運用方法
12.　アグリゲーター 13.　ピア・トゥ・ピア (P2P) 電力取引 14.　エネルギー・アズ・ア・サービス (EAAS)	
	29.　バーチャル送電線 30.　動的線路定格 (DLR)
15.　コミュニティ所有モデル 16.　従量課金モデル	

　さらにこの IRENA の報告書が示唆する重要な点は、再生可能エネルギー大量導入の実現にあたって必要なのは再生可能エネルギー側のさらなる技術開発ではなく、むしろ受け入れ側の電力システムや電力市場のイノベーションである、という点である。

　イノベーション innovation は日本ではしばしば「技術革新」と訳されることもあるが、これは誤訳に近い。現代イノベーション理論はヨーゼフ・シュンペーターの**新結合** [24] という概念にまで遡ることができるが、この概念では単に「新しい生産方法」だけでなく、「新しい組織の実現」「新しい販路の開拓」など、むしろ「しくみづくり」に重点が置かれている。新しい技術が社会実装されるためには、受け入れ側の社会システムの方も変わらないと、古い器に新しいものはなかなか入りづらい。

　柔軟性は、例えば火力発電所や蓄電池という「もの」を作って配置す

れば解決する、という発想では必ずしもない。むしろ、市場設計や制度改革によって、より低コストで早期に増強できる可能性がある。柔軟性の概念にはこのような「しくみづくり」の発想も内包している。

10-2-4　蓄電池は最初に取るべき選択肢ではない

　日本では「再エネ導入には蓄電池は不可欠」であるかのような言説が流布するが、前掲の図10-6および図10-7を見ると、両者とも蓄電池（化学的貯蔵）は最もコストが高く、最初に取るべき選択肢ではないことがわかる。むしろVREが概ね導入率50%以上になるまでは、他の既存の柔軟性供給源に比べ、必ずしもコスト効率がよいものとはならない可能性がある[25]（もちろん、その国やエリアの電力システムの状況によって前後する）。蓄電池と柔軟性の関係に関しては文献[17]も参照のこと。

　このことを念頭に、10-1節で提示した図10-2を改めて読み直すと、国際動向の理解がより深まることとなる。図10-2のシナリオでは、2020年代後半には再生可能エネルギー導入率が全世界平均で50%を超えると予想される。米国カリフォルニア州、豪州南オーストラリア州などでは、世界平均を上回るスピードでVREの導入が進むため、2020年代後半よりも前に蓄電池が本格的に必要となるフェーズに突入することになる。それ故、現在これらの国やエリアでは系統用蓄電池の開発や導入が加速しているのである。

　一方、日本は政府による再生可能エネルギーの導入見通しが低いため（日本には既に10%ほど水力とバイオマスが導入されているため、VRE導入率はこの図の曲線より10ポイント低くなることに注意）、2050年になっても蓄電池が他の柔軟性供給源と比較してコスト的に見合うかどうかが不透明である。より低コストな他の既存の柔軟性供給源が存在するにも関わらず、より高コストの新規デバイスを導入すると、その分社会コストを無用に押し上げ、社会的便益が低減しかねない。

　もちろん、蓄電池という技術自体、日本のお家芸として推進することは悪いことではない。しかし、2050年までに再生可能エネルギー導入率

が50〜60%程度の見通しのエネルギー政策と、本来VRE導入率が50%程度になってようやくコストが見合う蓄電池を振興する産業政策とが完全にミスマッチを起こしている状況だということは、冷静に認識すべきだろう。このようなミスマッチの状況のままでは、せっかく開発した蓄電池技術も世界市場の要求と合致せず、ガラパゴス化してしまうリスクが高い。このエネルギー政策と産業政策とのミスマッチの遠因も、多様な柔軟性の選択肢の中で科学的に優先順位を決めるという発想の欠如にあると考えられる。これは水素技術も同様である。

　では、蓄電池や水素の技術開発は日本では全く無用なのだろうか？ このミスマッチを解消するソリューションは簡単である。蓄電池や水素の技術開発やビジネスに関わる人こそ、「我々の技術で再生可能エネルギー超大量導入を早期に達成できる」「我々の技術を活かすために再生可能エネルギー超大量導入の目標を早期に掲げて欲しい」と声を上げ、その科学的根拠を論文にし、政策に反映することである。それには、単なる要素技術開発だけではなく、エネルギーモデル分析や費用便益分析などの定量評価も必要である。

10-2-5　VREからの柔軟性供給

　風力・太陽光といったVREは、その変動性を電力システム上の他の設備からの柔軟性で管理してもらうだけではなく、自らも柔軟性を供給できる能力を持つ。

　現在日本では、「再エネはお天気任せ」とも揶揄され、VREの出力抑制については「もったいない」とメディアを中心にネガティブな印象が持たれているが、風車は風が吹いている限りいつでも下方予備力を提供可能であり（図10-8（a））、出力抑制は電力システム側からみると、現時点で立派な柔軟性の供給源であるとも言うことができる。

　10-2-2項の図10-6および図10-7において、出力抑制（戦略的RE抑制）が柔軟性の選択肢として挙げられており、かつ蓄電池よりも優先順位が高い位置（左下側）に配置されているのはそのためである。国際的には

図10-8 風車からの柔軟性提供の例（文献 [26] を元に筆者作成）

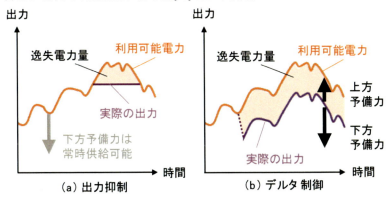

「出力抑制は必ずしも悪ではない」[27] という考え方が一般的であり、ある程度の（概ね10%未満の）出力抑制は蓄電池の導入よりも社会コストが安い合理的な選択肢となり得る。

また、一方、図10-8 (b) はデルタ制御と呼ばれ、風力発電事業者が風の強い時間帯に自ら出力を下げ待機しつつ、必要に応じて上方・下方予備力を提供する制御方法である。

欧州ではネガティブプライスも導入されているため、風が強い時間帯に定格運転するとむしろ収益が減少する場合もある。部分定格運転により本来発電できたはずのエネルギーは無駄になるが、その分、時間前市場や需給調整市場でkWhの価値よりも数倍高い価格で予備力（柔軟性）を売ることができれば、収益性も向上する。

欧州では数年前からこのような市場行動が発生しており、実際、図10-9に見る通り、スペインの需給調整市場の一部（置換予備力（RR：Replacement Reserve）市場）では、風力発電が上方・下方予備力共に取引されていることがわかる。スペインは貯水池式水力や揚水発電も需給調整を担っており、まさに「再エネが再エネを助ける」状況が既に実現している。

図10-9 スペインの需給調整市場（置換予備力（RR）市場）における取引電力量の推移（文献[28]を元に最新データを追加して筆者作成）

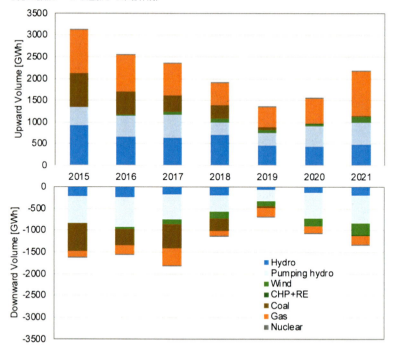

10-2-6　柔軟性のポテンシャル評価

　多様な柔軟性の選択肢を考えるにあたって、ある国やエリアの柔軟性のポテンシャルを定量的に評価することは極めて重要である。文献[29]では、そのような観点から、政策決定者などが既存の統計データから簡便かつ客観的・定量的に評価できる評価ツールが提案されている。

　一例としてドイツの柔軟性チャートを図10-10上図に示す。この図では柔軟性の選択肢として（1）連系線（運用容量年間最大値）、（2）コジェネレーション（CHP）、（3）ガスタービン（OGCT + CCGT）、（4）揚水発電（PHS）、（5）貯水池式水力、の5つが選択され、評価年の年間最大需要（ピーク需要）に対する各設備容量の比率を軸に取った5軸のレーダーチャートで柔軟性ポテンシャルが視覚的に描かれている。

　日本では「ドイツは連系線が豊富だから再生可能エネルギーの導入が

図10-10　柔軟性チャートの例 左図：ドイツ、右図：中国エリア（日本）[29]

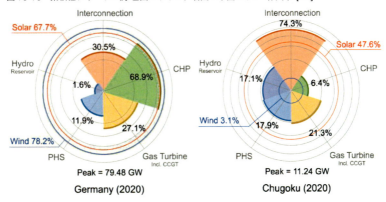

進む」「（連系線を通じて）フランスの原子力があるから再生可能エネルギーの導入が可能」という十分な科学的根拠に基づかない言説も流布されるが、図10-10のような客観的な評価によると、ドイツの国際連系線の容量比率は比較的小さく、むしろコジェネの容量比率が大きいことが読み取れる。これは10-2-1項で述べたバイオコジェネによるVPP＝アグリゲータービジネスにも整合する。

一方、日本の例えば中国エリアを例に取ると（図10-10右図）、連系線比率はむしろドイツよりはるかに大きく、揚水や貯水池式水力もバランスよく存在していることが見てとれる。

図10-11　柔軟性チャートの例：北海道エリアにおける柔軟性ポテンシャルの推移[29]

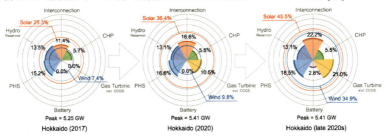

柔軟性チャートは、国やエリア同士の比較だけでなく、同じエリアでの時間的比較も可能である。図10-11は同じく柔軟性チャートの例であり、日本の北海道エリアにおける過去から将来にかけての柔軟性ポテン

シャルの推移を示したものである。この図では、第6の軸として、系統用蓄電池も追加されている。図10-11から、北海道エリアでは将来の風力発電の大量導入に向け、ガスタービンや揚水、連系線、系統用蓄電池などがバランスよく徐々に導入されつつあることが視覚的に見て取れる。

このように、客観的定量評価による国際比較を行うと、日本の多くのエリアは既存の柔軟性供給源のポテンシャルという点において、再生可能エネルギーの大量導入に向いていないどころか、むしろ欧州諸国よりも有利な状況にあると評価することもできる。

同様に、欧州では、配電レベルに接続される小規模分散型設備からの柔軟性に着目した市場設計の議論も進んでいる。欧州の複数の国を調査した文献[30]によると、配電線レベルに接続された柔軟性資源は電力システム全体の4〜5割を占め、送電系統運用者（TSO）と配電系統運用者（DSO）との協調が今後の鍵となる。柔軟性を調達する市場もTSOが開設する集中型かDSOが担う分散型かで得失があり、市場設計の実現可能性研究（FS）も実施されている[31]。

欧州特有の状況として、TSOとDSOが分離しておりその非効率性がしばしば問題に挙げられるが、この点も、TSOとDSOが一体となった一般送配電事業者の形態を取る日本こそ、柔軟性の調達、ひいては再生可能エネルギー大量導入に有利な立場にあると言うことができる。

より高度な柔軟性評価ツールとしては、文献[32]も参照のこと。

10-2-7　統合コストと慣性問題

本節の最後に、柔軟性とは直接的には関係ないものの、日本で議論が進みつつある統合コストと慣性問題についても短く言及する。

ある発電所を建設しそれを電力システムに接続（系統連系）するためには、従来の発電コスト（均等化発電原価LCOE）だけではなく、それに加え発電所を電力システムに接続するために送電線増強や柔軟性供給の追加的なコストを考えなければならない。これが統合コストsystem integration costの基本的な考え方である[33]。

日本でも、統合コストの試算が行われ、2030年における各種電源の発電コストとしては太陽光が最も安くなるものの、統合コストを考えると原子力や石炭火力の方が安いという結果も得られている[34]。

　しかしながら、国際エネルギー機関風力技術協力プログラム第25部会（IEA TCP Wind Task 25）の最新の報告書では、種々の論文を精査し、統合コストに関して以下のようにまとめている[35]（太字部は筆者）。

・将来の電力システムにおける風力エネルギーの価値を見積もることは、統合コストを見積もるという古い取り組みに取って代わるものである（**システム統合コストという考え方は、用いられている方法に対して完全な合意に至らず、その有用性は失われてしまった**）。

・従来は、風力発電のいわゆる統合コストを試算するのが一般的だった。**いずれの方式も重大な欠点があることがわかっている**。主な注意点は、ベンチマーク技術の利用（コストの違いを求めるには参照シミュレーションが必要）と、風力発電へのコスト配分方法（例えば、送電を追加すると、風力発電の接続と輸送だけでなく、信頼度において他の便益が生じる）である。

・電力システム全体の費用便益方式は、風力または太陽光に固有のシステム統合コストを切り離して定量化するという困難な作業を回避し、ベンチマーク技術を定義する必要がない。

　すなわち、VREも柔軟性を提供したり供給信頼度に貢献するため、単純に個々の電源や電源種に対して統合コストなるものを求めようとしても限界があり、10-2-2項でも言及した費用便益分析を行うことが望ましいとされている。

　慣性応答も一般に柔軟性の定義の範囲外とされるが[18]、火力機が減少するVRE超大量導入時に問題になるという点で、柔軟性供給源と似たような文脈で語られることが多い。

　VREの多くは電力システム側から見るとインバータやコンバータを介して接続されており、これは従来の同期発電機と区別して非同期発電機と呼ばれる。電力システムに地絡や短絡等の事故があった場合に、需給のバランスが一時的に崩れ系統周波数が急変するが、これに対して大

第10章　再生可能エネルギー超大量導入を実現する系統柔軟性　265

規模電源（水力・火力・原子力）の同期発電機の回転質量がもつ慣性によって周波数の急変が自動的に緩和する。しかし、VREなどの分散型電源の多くはパワーエレクトロニクス装置を介して電力系統に連系しているため、従来の同期発電機と同じ能力を持たず、特に系統事故時の周波数急変に対して慣性応答を供給できない。このような電源が大量に導入された電力システムにおいて、慣性応答をどのように管理するかが問題となっている。

　結論から言うと、慣性問題に関するソリューションは現時点でも多数の選択肢があり、（1）出力抑制、（2）擬似慣性、（3）周波数変化率（RoCoF）要件の閾値変更、（4）同期調相機、（5）同期機の多数台部分負荷運転、（6）M-Gセット、（7）グリッドフォーミングインバータ、などが提案されている。このうち（1）～（3）はアイルランドで実装済みで、（4）も多くの現行機が導入されている。本命は（7）のグリッドフォーミングインバータであり、これは現在各国でしのぎを削る開発競争となっている。慣性問題についての詳細は文献[36]も参照のこと。

　統合コストと慣性問題に共通する考え方は、このような課題を理由に再生可能エネルギーの大量導入を否定したり導入速度を鈍化させることを正当化するためのものではない、という点である。国際的な最先端の議論では、数年後に顕在化する課題にいち早く備え、既存の技術や制度で工夫したりイノベーションを惹起し、新たなビジネスチャンスが模索されている。日本がその国際議論にどれだけ参加し、貢献できるかが問われている。

10-3　おわりに

　本論文ではCOP28における「2030年までに再生可能エネルギーの容量を世界全体で3倍」という合意から始まり、その背景にあるIEAやIRENAの1.5℃目標遵守のための将来シナリオについてまず紹介した。これらのシナリオでは2050年の電源構成に占める再生可能エネルギーの比率は実に9割に達するが、このような再生可能エネルギー超大量導入時代を支える系統運用の概念が「系統柔軟性」である。

　柔軟性は、従来の調整力や予備力の上位概念であるが、本論文で紹介したとおり、それらは単に「ものづくり」的発想で装置を接続すれば解決するという性格のものではなく、「しくみづくり」すなわち市場設計や制度改革をも内包する。

　翻って現在の日本では、「調整力」という古典的用語と20世紀的発想が無省察に使い続けられ、柔軟性という新しい時代の新しい用語や概念が政策決定者やジャーナリスト、場合によっては専門研究者にさえも十分浸透していない。このことこそが、再生可能エネルギー超大量導入の最大の障壁になっているとも言える。柔軟性という新しい概念なく、従来の「調整力」という発想に留まったまま将来の電力システムを語ろうとしても、却ってイノベーションを阻害し、ますますグローバルスタンダードから乖離し、国際貢献や国際競争から脱落していくだろう。

　気候変動対策、脱炭素の最有力手段が風力・太陽光などの再生可能エネルギーであることはIPCCやIEA、IRENAなど複数の国際機関が科学的知見に基づき繰り返し述べている。再生可能エネルギーが9割に達し、火力発電がわずか数％となる未来の電力システムがあと十数年でやってくることを想定し、日本も新しい概念で古典理論を書き換えていかなければならない。

第10章　再生可能エネルギー超大量導入を実現する系統柔軟性　267

参考文献

[1] United Nations Framework Convention on Climate Change（UNFCCC）；Matters relating to the global stocktake under the Paris Agreement, Advance unedited version, Decision － /CMA.5, 13th Dec. 2023. https://unfccc.int/documents/636584

[2] International Energy Agency （IEA）；Net Zero by 2050 － A Roadmap for the Global Energy Sector, 2021.

[3] International Renewable Energy Agency （IRENA）；World Energy Transitions Outlook － 1.5℃ Pathway, 2021.

[4] IEA；Net Zero Roadmap － A Global Pathway to keep the 1.5℃ Goal in Reach, Sep. 2023.

[5] IRENA；World Energy Transitions Outlook 2023：1.5℃ Pathway, 2023.

[6] UNFCCC；Summary of Global Climate Action at COP 28, 11th Dec. 2023. https://unfccc.int/sites/default/files/resource/Summary_GCA_COP28.pdf

[7] IEA；Electricity Information, web database version

[8] 資源エネルギー庁；今後の再生可能エネルギー政策について,再生可能エネルギー大量導入・次世代電力ネットワーク小委員会（第40回）資料1, 2022年4月7日

[9] 日本政府；第6次エネルギー基本計画, 2021

[10] 経済産業省；2050年カーボンニュートラルに伴うグリーン成長戦略, 2020.

[11] 日本経済新聞；開国の障壁（1） 投資不足の日本企業 海外マネー,脱炭素で誘う, 2023年11月14日

[12] 安田陽；世界の再生可能エネルギーと電力システム 経済・政策編, インプレスR&D, 2019.

[13] 日本国政府代表団；国連気候変動枠組条約第28回締約国会議（COP28）結果概要, 外務省ウェブサイト, 2023年12月18日 https://www.mofa.go.jp/mofaj/ic/ch/pagew_000001_00076.html

[14] IEA；Harnessing Variable Renewables, 2011.

[15] Next Kraftwerke；The dance of generation and demand, 2017
https://www.next-kraftwerke.com/energy-blog/vppelectricity-market

[16] Danish Energy Agency（DEA） and Energinet；Technology Data – Energy Storage,2018, updated in 2020. https://ens.dk/sites/ens.dk/files/ Analyser/technology_data_catalogue_for_energy_storage.pdf

[17] 安田陽；脱炭素に向けたエネルギー貯蔵の役割 ～柔軟性とセクターカップリング～, 太陽エネルギー, Vol.48, No.2, pp.7-16, 2022.【本書第6章】

[18] IRENA；再生可能な未来のための計画, 環境省, 2018. https:// www.env.go.jp/earth/report/h30-01/ref01.pdf

[19] Wind Task 25；ファクトシートNo.1, 風力・太陽光発電の系統連系, NEDO, 2020. https://www.nedo.go.jp/content/100923371.pdf

[20] IRENA；変動性再生エネルギー大量導入時代の電力市場設計, 環境省, 2019, https://www.env.go.jp/earth/report/sankou2%20saiene_2019.pdf

[21] 安田陽, 桑畑玲奈；ドイツ需給調整市場の市場取引分析 ～日本への示唆, 電気学会新エネルギー・環境/高電圧合同研究会, FTE-18-020, HV-18-067, 2018.

[22] 中島光博, 安田陽他；イベリア半島における再生可能エネルギー普及に向けた系統柔軟性向上の方策と需給調整市場の状況, 第39回エネルギー・資源学会研究発表会, No.13-3, 2020.

[23] IRENA；将来の再生可能エネルギー社会を実現するイノベーションの全体像, 環境省, 2019.
http://www.env.go.jp/earth/report/R01_Reference_2.pdf

[24] ヨーゼフ・シュムペーター；経済発展の理論, 上下巻, 岩波文庫, 白147-1, 1997.

[25] Wind Task 25；ファクトシートNo.7, 風力発電と電力貯蔵 , NEDO, 2020. https://www.nedo.go.jp/content/100923377.pdf

[26] Ackermann編著; 風力発電導入のための電力系統工学, オーム社（2013）第40章

[27] Y. Yasuda et al；C-E（curtailment － Energy share） map：An objective and quantitative measure to evaluate wind and solar curtailment, Renewable and Sustainable Energy Reviews, Vol.160, 112212, 2022.

[28] C. Edumnd et al.；On the participation of wind energy in response and reserve markets in Great Britain and Spain, Renewable and Sustainable Energy Reviews, Vol.115, 109360, 2019.

[29] Y. Yasuda et al.；Flexibility Chart 2.0：An accessible visual tool to evaluate flexibility resources in power systems, Renewable and Sustainable Energy Reviews 174, 113116, 2023.

[30] ENTSO-E；Distributed Flexibility and the value of TSO/DSO cooperation － A working paper for fostering active customer participation, 2017.

[31] SmartNet；Basic schemes for TSO-DSO coordination and ancillary services provision, D1.3, 2016.

[32] IRENA；Power System Flexibility for the Energy Transition, Part 1：Overview for Policy Makers, 2018.

[33] F. Uckerdt et al.；System LCOE：What are the costs of variable renewables?, Energy, 63, pp.61-75, 2013.

[34] 資源エネルギー庁；発電コスト検証について, 基本政策分科会（第35回）資料1, 2021年8月4日

[35] IEA TCP Wind Task25；変動性電源大量導入時のエネルギーシステムの設計と運用, 国際エネルギー機関風力技術協力プログラム第25部会 最終報告書, NEDO, 2023.
https://www.nedo.go.jp/content/100959887.pdf

[36] 安田陽；再生可能エネルギー大量導入による慣性問題, エネルギーと動力, 2022 春期号, No.298, pp.21-31, 2022.【本書第7章】

あとがき

　本書は筆者が過去5年ほどの間にさまざまな学会誌や専門誌に寄稿した解説論文を編集したものです。筆者はその後、研究拠点を英国のグラスゴーに移して活動しております。

　ありがたいことに、筆者は日本にいた頃から国際エネルギー機関(IEA)や国際電気電子標準会議(IEC)などの国際機関の専門家会合の専門委員を拝命し、再生可能エネルギーの分野、とりわけ系統連系（電力システム統合）に関して世界の最先端の情報に接する機会を得てきました。そのような専門家会合にはじめて参加したのはもう20年ほど前になるかと思いますが、猛スピードで進展する国際最新情報（英語）と日本国内で日本語で得る情報とのあいだに、大きなギャップ、場合によっては180°異なる見方や考え方があることに気が付かされました。現在は実際に海外に住んでそこで文献調査するだけでなく、多くの人々と直接お会いしてご議論すると、日本と海外の情報ギャップはますます深刻になっている…と感じます。

　日本ではメディアやインターネットを通じて世界中のありとあらゆる情報が簡単に入手できると思っている人も多いですが、実は数多くの英語情報のうち、日本語に翻訳されたり日本のメディアに取り上げてもらえる情報はほんのわずかです。筆者は市民向けの講演などで次のようなお話をします。「私はスパイのようにどこかに秘密裏に潜り込んで秘密の情報を暴き出して皆さまにお伝えしているわけではありません。世界中誰もがインターネットで無料で読める資料をご紹介しているだけなのです」と。なぜ、世界中誰もが無料で読める情報が、日本の多くの人々に伝わっていないのでしょうか。我々はお茶の間や自室に篭もりながら、世界のありとあらゆる情報を得られているかのように錯覚しがちですが、実際には多くの人にとって肝心なことが巧妙に「知らされていない」という状況です。それを筆者は「ふんわり情報鎖国」「ふんわり情報統制」と呼んでいます。

　筆者も頑張って翻訳や解説論文などで日本の方々に最新国際動向をお

伝えしようと努力していますが、やはり個人でできる分量には限りがあり、出版・公表までにどうしてもタイムラグが出てしまいます。また、個人の研究者が細々と行う国際情報紹介以上の物量と勢いで、日本では非科学的なナラティブ（根拠を伴わないストーリー先行型の噂）やフェイクニュースが拡散しています。特に日本では、内外情報ギャップを利用した科学的根拠の乏しい「日本特殊論」が蔓延り、世界の動きから目を逸らし現状を何も変えずほんのちょっと努力をしたフリをすることが「現実的」という表現で粉飾されています。現時点（2024年7月）で日本でも議論が進む第7次エネルギー基本計画において、どのような議論が進展するか（しないか）、地球の裏側から少し心配です。

　どうして日本はそうなってしまったのか、どうすればそれを変えることができるのかを議論しようとすると長くなりますし、それは本書の範囲を超えるのでここでは深入りしませんが、そのようなカオスな状況下における当座の対症療法としては、「日本語で得られる情報だけでは限界があるかもしれない」「我々が知り得ていない情報があるかもしれない」とアンテナを張って情報収集することでしょう。幸い、現在は機械翻訳も優秀になってきているので、より効率的に海外情報が収集できるかと思います。また、学術論文や国際機関報告書などへの参考文献が一切ない「わかりやすい読み物」は、基本的に参考情報程度に話半分で聞くに留め、できるだけ科学的根拠や文献を提示する書籍・文書から情報収集するという習慣をつけておくのも、非科学ナラティブやフェイクニュースにひっかからずに「ふんわり情報鎖国」を乗り越えるための方法論です。

　本書で取り上げたような学術的な解説論文は、通常、「これを読めばこの分野が全てわかる」ということを前提に書かれているものではありません。これからこの分野の研究を始める方のために、「この分野を知るには最低限この程度知っておいて欲しい」というために書かれているものです。したがって通常、解説論文はA4二段組で6〜10ページ程度の短い読み物にも関わらず、数十件程度の参考文献が添付されるのが普通です。実は、本文よりも参考文献のリストの方が研究者にとって重要だったりします。本書も初出時と同じく、参考文献もすべて修正なく列挙しまし

た。もしこの分野に興味があり、より専門的に情報収集したい方は、本書を出発点として、より深く情報の海に潜っていただければと思います。

　本書一連の解説論文がその情報収集のハブとなり、日本の現状を打破し、日本が国際社会から脱落せず、気候変動対策も含め国際社会に貢献できるような、生き残りの道を探る議論と行動の一助になれば幸いです。

2024年7月、地球の裏側にて

著者紹介

安田 陽 (やすだ よう)

ストラスクライド大学 工学部電気電子工学科 アカデミックビジター／九州大学 洋上風力
研究教育センター 客員教授／特定非営利活動法人 環境エネルギー政策研究所(ISEP) 主任研
究員。

1989年3月、横浜国立大学工学部卒業。1994年3月、同大学大学院博士課程後期課程修了。
博士（工学）。同年4月、関西大学工学部（現システム理工学部）助手。専任講師、助教授、
准教授、2016年9月、京都大学大学院 経済学研究科 再生可能エネルギー経済学講座 特任
教授、2024年5月より、英国ストラスクライド大学アカデミックビジター。九州大学 客員
教授／環境エネルギー政策研究所(ISEP) 主任研究員。

現在の専門分野は風力発電の耐雷設計および系統連系問題。技術的問題だけでなく経済や
政策を含めた学際的なアプローチによる問題解決を目指している。現在、日本風力エネル
ギー学会理事。IEA Wind Task25（風力発電大量導入）エキスパートメンバー、IEC／TC88
／MT24（風車耐雷）委員長など各種国際委員会メンバー。

主な著作として、「世界の再生可能エネルギーと電力システム 電力市場編」「世界の再生可
能エネルギーと電力システム 系統連系編」、「世界の再生可能エネルギーと電力システム 経
済・政策編」、「世界の再生可能エネルギーと電力システム 電力システム編」、「世界の再生
可能エネルギーと電力システム 風力発電編 第2版」、「世界の再生可能エネルギーと電力シ
ステム 全集」、「送電線は行列のできるガラガラのそば屋さん?」、「再生可能エネルギーの
メンテナンスとリスクマネジメント」（インプレスR&D）、「日本の知らない風力発電の実
力」（オーム社）、翻訳書（共訳）として「再生可能エネルギーと固定価格買取制度（FIT）
グリーン経済への架け橋」（京都大学学術出版会）、「洋上風力発電」（鹿島出版会）、「風力
発電導入のための電力系統工学」（オーム社）など。

◎本書スタッフ
アートディレクター/装丁： 岡田 章志＋GY
ディレクター： 栗原 翔

●お断り
掲載したURLは2024年7月1日現在のものです。サイトの都合で変更されることがあります。また、電子版ではURL
にハイパーリンクを設定していますが、端末やビューアー、リンク先のファイルタイプによっては表示されないこと
があります。あらかじめご了承ください。
●本書の内容についてのお問い合わせ先
株式会社インプレス
インプレス NextPublishing　メール窓口
np-info@impress.co.jp
お問い合わせの際は、書名、ISBN、お名前、お電話番号、メールアドレス に加えて、「該当するページ」と「具体的
なご質問内容」「お使いの動作環境」を必ずご明記ください。なお、本書の範囲を超えるご質問にはお答えできないの
でご了承ください。
電話やFAXでのご質問には対応しておりません。また、封書でのお問い合わせは回答までに日数をいただく場合があ
ります。あらかじめご了承ください。

●落丁・乱丁本はお手数ですが、インプレスカスタマーセンターまでお送りください。送料弊社負担にてお取り替えさせていただきます。但し、古書店で購入されたものについてはお取り替えできません。

■読者の窓口
インプレスカスタマーセンター
〒101-0051
東京都千代田区神田神保町一丁目105番地
info@impress.co.jp

再生可能エネルギー技術政策論
日本特有の問題点の整理と課題・解決法

2024年9月6日　初版発行Ver.1.0（PDF版）

著　者　安田 陽
編集人　宇津 宏
発行人　髙橋 隆志
発　行　インプレス NextPublishing
　　　　〒101-0051
　　　　東京都千代田区神田神保町一丁目105番地
　　　　https://nextpublishing.jp/
販　売　株式会社インプレス
　　　　〒101-0051　東京都千代田区神田神保町一丁目105番地

●本書は著作権法上の保護を受けています。本書の一部あるいは全部について株式会社インプレスから文書による許諾を得ずに、いかなる方法においても無断で複写、複製することは禁じられています。

©2024 Yoh Yasuda. All rights reserved.
印刷・製本　京葉流通倉庫株式会社
Printed in Japan

ISBN978-4-295-60338-2

Next Publishing®

●インプレス NextPublishingは、株式会社インプレスR&Dが開発したデジタルファースト型の出版モデルを承継し、幅広い出版企画を電子書籍＋オンデマンドによりスピーディで持続可能な形で実現しています。https://nextpublishing.jp/